2017年度安徽省哲学社会科学规划后期资助项目(项目编号:AHSKHQ2017D02)

长江经济带
生态文明建设
综合评价研究

Research on the Ecological
Civilization Development of Yangtze River
Economic Belt

孙 欣 宋马林/著

中国财经出版传媒集团
经济科学出版社
Economic Science Press

前言

改革开放以来，我国经济取得巨大成就，但同时，面临的资源约束趋紧、环境污染严重、生态系统退化的问题也日益凸显。因此，我国在围绕生态文明建设方面不断构建新的战略模式，力图改变传统粗放型的发展方式和不合理的消费模式，实现新的历史发展时期人与自然的和谐统一，保障国家和民族的永续发展。党的十七大首次将"建设生态文明"作为实现全面建设小康社会奋斗目标的新要求之一，强调以尊重和维护生态环境为出发点，重视人与自然、人与人、经济与社会的协调发展。党的十八大提出的"五位一体"更是一个相互联系、相互促进、相互影响的有机整体，将生态文明建设与经济建设、政治建设、文化建设、社会建设紧密结合。生态文明建设已经成为衡量一个国家或地区整体发展水平的重要标志。

长江经济带发展战略，是党中央、国务院高屋建瓴、审时度势，主动引领中国经济发展新常态，科学谋划中国经济新棋局的重大举措，对于实现"两个一百年"奋斗目标和中华民族伟大复兴的中国梦，具有重大现实意义和深远历史意义。推动长江经济带发展，其核心理念是坚持"生态优先、绿色发展"的生态文明理念，长江经济带的生态文明建设对中国生态文明发展将起着至关重要的作用。因此，很有必要对长江经济带生态文明建设做进一步评价研究，了解、研判长江经济带生态文明具体的发展状态，准确定位其下一步生态文明建设的重点，找出解决路径。尽管目前已经有学者对长江经济带生态文明进行了评价研究，但是对长江经济带生态文明建设进行系统评价研究的文献仍非常缺乏。

1

根据国家关于长江经济带的发展要求，在综合诸多相关文献基础上，本书确定研究长江经济带生态文明评价思路与方法，采用"多系统一体"指标体系与"驱动力—压力—状态—影响—响应"（DPSIR）模型构建了生态文明建设评价指标体系，同时考虑到生态效率与绿色发展是生态文明建设的基础，因此使用投入产出体系构建生态效率评价体系以及绿色全要素生产率评价体系，并采用相应的评价方法，从省域与城市两个维度对长江经济带生态文明建设进行定量评价分析，为长江经济带各省市及各城市提供一个动态的、相对的参照坐标，归纳出长江经济带各省（市）以及城市当前存在的不同类型生态文明发展态势，再进行收敛协调性分析，研究影响因素，找出存在的问题，进而对长江经济带生态文明建设提出政策建议。本书的研究对长江经济带生态文明建设评价研究有一定的理论意义，同时评价的结果及所提出的对策建议对长江经济带生态文明建设的有效开展具有较强实践意义。

本书是在安徽省哲学社会科学规划后期资助项目（AHSKHQ2017D02）"长江经济带生态文明建设综合评价研究"、安徽省高等学校自然科学项目"新常态下长江经济带生态文明发展评价研究"（KJ2016A004）以及全国统计科学研究项目"长江经济带生态文明建设综合评价研究"（2016LY26）等项目支持下得以完成，实际上也是这三个项目的研究成果。

本书在研究与调研过程中，得到宋马林教授指导与帮助；研究生马晓伟、赵鑫、张瑶、朱香好、潘鹏程、刘欣欣与曾菊芬等参与搜集数据，并进行部分模型分析，在此表示衷心的感谢！在本研究完成之际，项目组更加感觉到，长江经济带战略是我国长期的战略，长江经济带生态文明正在建设之中，长江经济带生态文明建设实践中一定会有各种问题，也不断会出现一些新问题，因此这一领域非常值得继续研究。本书的研究成果还希望得到理论界专家和各界人士的指导，以便在后续的研究中日臻完善。

目 录

第一章

绪 论

第一节　背景介绍

长江是我国第一大河，自西向东横贯我国东西部，具有十分重要的战略地位。长江流域湖泊众多、雨水充沛、气候温暖，是我国工业、农业、科教文化事业等发达地区之一，宋代以来，成为我国经济重心。长江经济带覆盖上海、江苏、浙江、安徽、江西、湖北、湖南、重庆、四川、云南、贵州 11 个省市，横跨东中西部，面积约 205 万平方千米，占全国的21%，人口和经济总量均超过全国的 40%，是目前世界上可开发规模最大、影响范围最广的内河流域经济带，其生态地位重要、综合实力强大、发展潜力巨大，有望继沿海经济带之后成为中国新的经济支撑带与增长极。长江经济带已成为我国新一轮改革开放转型实施区域发展的重大国家战略地区。

一、发展历史

鸦片战争爆发之后，西方国家大肆向中国倾销工业商品，长江流域凭借便捷的交通位置，聚集大部分外国资本；随后，洋务运动、维新运动等引进西方科学技术，使得江浙和两湖地区陆续出现企业（陈修颖，2007），近代工业在长江流域开始萌芽。辛亥革命以后，长江下游区域由于具有得天独厚的区位和资源优势，民族工业布局最为集中。中华人民共和国成立

1

以后，党中央高度重视长江流域经济发展，1964 年起，国家产业布局重心西移，促进了长江中上游的发展。1978 年 12 月，党的十一届三中全会讨论通过了"把全党工作重心转移到经济建设上来"的决议，加大了对长江下游区域发展的支持力度，工业投资重心东移。20 世纪 80 年代以来，长江经济带经济地位不断上升，成为我国重要的基础工业和制造业基地。21世纪以来，长江经济带经济实力不断提升，但与此同时也带来了新的问题，如生态环境破坏，水土资源流失，资源环境面临巨大的压力。因此，"生态优先，绿色发展"的理念势在必行。

二、战略定位

长江经济带具有得天独厚的五大优势，即区位优势、资源优势、产业优势、人力资源优势、市场广阔，对我国经济发展的战略意义重大。早在20 世纪 80 年代，中央即提出"一线一轴"战略构想，一线指沿海一线，一轴即长江。中国生产力经济学会在 1984～1985 年就提出"长江产业密集带"，即以长江流域特大城市为中心，通过辐射与吸引作用，带动周围经济的发展，形成较大范围的经济区。

长江经济带生态战略地位重要，山水林田湖浑然一体，是我国重要的生态宝库；蕴藏丰富的水资源，是中华民族战略水资源；具有重要的水土保持、洪水调蓄功能，是生态安全屏障区。2014 年 3 月，李克强总理在政府工作报告中提出，要依托长江黄金水道，建设长江经济带，长江经济带正式上升到国家战略层次。2014 年 9 月，国务院印发《关于依托黄金水道推动长江经济带发展的指导意见》，部署将长江经济带建设成为我国生态文明建设的先行示范带。2016 年 1 月，中央财经领导小组第十二次会议上，习近平指出，推动长江经济带发展，理念要先进，坚持生态优先、绿色发展，把生态环境保护摆在优先地位。2016 年 3 月 25 日，中共中央政治局召开会议，审议通过《长江经济带发展规划纲要》，该纲要贯彻落实创新、协调、绿色、开放、共享的发展理念，强调长江经济带发展定位生态优先、绿色发展，强调创新驱动、上中下游经济协调发展以及缩小东中西部发展差距等，描绘了长江经济带发展的宏伟蓝图，是推动长江经济带发展重大国家战略的纲领性文件。2016 年 6 月,《长江经济带发展规划纲要》已下发到沿江 11 个省市。长江经济带发展战略已经进入正式实施阶段,其战略定位为:一是具有全球影响力的内河经济带;二是东中西互动合作的协调发展带;三是沿海沿江沿边全面推进的对内对外开放带;四是生态文明建设的先行示范带。

长江经济带发展定位生态优先、绿色发展,强调建成生态文明先行示范带。因此,需要了解、研判长江经济带生态文明具体的发展态势,准确定位下一步生态文明建设的重点,找出生态文明发展路径。由此,对长江经济带生态文明建设做系统深入地评价研究就显得非常有必要了。

第二节 文献综述

一、生态文明的演变历史

生态文明有其演变的历史过程。1962 年美国女科学家蕾切尔·卡逊所著的《寂静的春天》,就是揭示生态和环境问题的小说。1972 年德内拉·梅多斯等人发表的《增长的极限》报告引起世界的轰动与关注,报告采用大量数据,阐述了地球有限论的必然结果,只有遏制和停滞的办法才能实现全球平衡。随后,国外学者对生态和环境问题在理论上探索研究。巴里·康芒纳认为,由于生产技术上前所未有的变革带来环境危机,所以环境危机还应该依靠技术手段来解决。然而,小约翰·柯布强调,仅仅依靠技术还不能够解决危机,还需要从内心思想上改变或改善人们认识世界的方式和最深层的敏感性(小约翰·柯布、李义天,2007)。唐奈勒·H. 梅多斯等发现,要从人类社会系统结构乃至人类思维模式上寻找解决生存危机的突破口,生态文明发展还需要政治、经济方面的变革(唐奈勒·H. 梅多斯、赵旭,2001)。乔舒亚·法尔利认为,要认识生态危机、建设生态文明,必须建立发展一种不同传统模式的生态经济(刘志礼,2011)。克利福德·柯布试图在经济和政治框架内探寻建设生态文明的具体实施步骤,指出生态文明建设离不开顶层设计(克利福德·科布,王韬洋,

2007）。随着生态文明理论探讨发展，联合国和各国政府逐渐重视生态问题，开始对生态和环境进行逐步治理。如《只有一个地球》《我们共同的未来》《21世纪议程》《里约环境与发展宣言》《可持续发展执行计划》《约翰内斯堡政治宣言》等一系列的著作和文件的出现，从理论渊源和实践基础方面为生态文明建设与理论发展提供了基础。

20世纪80年代初，我国也开始关注研究生态文明理论研究，当时著名的生态学家叶谦吉从生态学和生态哲学的视角来界定生态文明，应该是我国最早阐释了生态文明概念的学者，他分析认为生态文明是人类既获利于自然，又还利于自然，在改造自然的同时又应保护自然，人与自然之间保持和谐统一的关系。之后，理论界对生态文明展开了广泛研究。尤其在党的十七大以后，生态文明更是成为许多学科研究的焦点。这些研究可以归纳表现在以下几个方面：一是关于生态文明概念与内涵的研究。学者（余谋昌，2006；李文华，2007；刘绵绵，2008）从不同角度分析，对生态文明有不同的界定。二是关于生态文明与传统文化的研究。如中国传统的儒、释、道都主张"天人合一"的思想，将"人与自然和谐相处"理念作为共同的生态价值观。任俊华（2008）提到佛教认为生命主体与外部的生态环境是统一的，天地万物本身就是一个大的生态系统。三是生态文明与社会主义的必然联系（张云飞、刘江华，2008；赵士发，2011）。四是关于生态文明建设实践研究。如王娣等（2009）、孔翔等（2011）从低碳经济、保护环境等方面研究了生态文明建设的途径；赵金芬、徐超（2013）指出生态文明建设需要低碳化的科技创新来支撑，科技创新低碳化内含着生态文明的要求，科技创新低碳化与生态文明建设在实践方面是相互支持的，理论方面有耦合关系；邹凡、彭靖里（2013）深入分析了生态文明建设与科技创新之间的相互关系，指出应当着重解决好不断提高全社会依靠科技创新促进生态文明建设的思想认识，制定完善依靠科技创新促进生态文明建设的产业政策。

二、生态文明发展评价文献综述

对生态文明定量评价，能衡量出区域的生态文明具体发展状态，分析存在的问题。这对生态文明建设是非常必要的。因此对生态文明发展评价研究非常有必要。

国内外学者对生态文明发展评价展开了丰富的研究，不同的国家、不同的组织，在不同的阶段采用不同的评价指标体系与方法，并不断对其进行发展和完善，这主要表现在：

第一，国外生态文明指标体系研究。国外对生态文明评价进行了大量探索研究，取得了很好的成果，其生态文明评价体系多侧重于生态自然环境方面。1992 年，联合国环境与发展大会《21 世纪议程》确定了鼓励发展的同时保护环境的全球可持续发展行动蓝图。此后一些国际机构、非政府组织及部分国家纷纷开展可持续发展指标体系与生态自然环境指标体系研究工作。如波罗的海 21 世纪议程（Baltic 21）所构建的指标体系所包含的指标众多，其中有 CO_2 排放量、SO_2 排放量等污染排放指标（Agenda 21，1992）；1995 年 5 月英国政府出版的《更好的生活质量：英国的可持续发展战略》报告所提到的国家核心指标中列出提高资源效率包含 7 项节能减排方面指标；美国环保局科学顾问委员会在 2003 年（EPA，SAB）也提出了《评价和报告生态状况的框架》，该框架定义了生态系统六种"基本生态属性"（EEAS），分别是：景观状况、生物状况、物理和化学特性、生态过程、水文和地形、自然干扰机制。经济合作与发展组织（OECD）（1990）首创了"压力—状态—响应"（PSR）模型的概念框架，该模型是衡量生态环境承受的压力，这种压力给生态环境带来的影响及社会对这些影响所做出的响应等，压力指标、状态指标与响应指标之间有时没有明确的界线，它们在模型中是有机的整体，必须将三者综合起来考虑（Hammond，A. et al.，1995），这种模型框架对后来研究产生很大的影响。联合国可持续发展委员会（CSI）1996 年提出框架为"驱动力—状态—响应"（DSR）模型的可持续发展指标体系（ISD），其中，驱动力指标用以表征那些造成发展环境不可持续发展的人类活动、消费模式和经济系统等因素，状态指标用以反映可持续发展过程中各系统的状态，响应指标用以表明人类为促进可持续发展所采用的措施；2005 年又对可持续发展指标体系重新修订，修订的体系基本结构还是"驱动力—状态—响应"，这种模型框架对其他研究产生深远的影响。上述国外研究对我国生态文明建设评价提供了有益的经验与借鉴。

第二，国内生态文明指标体系研究。这些体系研究多是基于我国生态文明建设实践，借鉴国外相关研究理论而展开的，可分为以下五类：一是"多系统一体"指标体系。生态文明体系是各个子系统、各个领域、各个要素组成，根据对子系统、领域、要素划分的不同形成了不同类型的指标体系。如杜宇等（2009）从自然、经济、社会、政治、文化等角度构建了五个系统生态文明建设评价指标体系；成金华等（2015）将生态文明发展水平评价的具体方面确定为国土空间优化布局、资源能源节约集约利用、生态环境保护与生态文明制度建设四个系统；高珊与黄贤金（2010）从增长方式子系统、产业结构子系统、消费模式子系统和生态治理子系统四个方面建立四个系统生态文明指标体系；秦伟山等（2013）构造了制度保障、生态人居、环境支撑、经济运行和意识文化五个系统的生态文明城市建设水平评价指标体系。2016年国家发改委、国家统计局、环境保护部门与中央组织部发布了《绿色发展指标体系》，该体系包括了资源利用、环境治理、环境质量、生态保护、增长质量、绿色生活以及公众满意程度7个方面，共56项指标，通过加权可以测算出资源利用指数、环境治理指数、环境质量指数、生态保护指数、增长质量指数、绿色生活指数，通过再加权形成总的绿色发展指数；同时，国家发改委等部门也公布了《生态文明建设考核目标体系》，从资源利用、生态环境保护、公众满意度等方面进行评价。这两个体系为我国生态文明评价体系研究提供重要依据。二是投入产出指标体系。这种体系侧重于生态经济方面。如王恩旭与武春友（2011）、陈诗一（2015）等诸多学者建立了投入产出指标体系，运用DEA模型对中国的生态效率进行了测度分析。三是"压力—状态—响应"（PSR）模型指标体系。张欢与成金华等（2014）、侯鹏与席海燕（2015）建立了包括生态系统压力、生态系统健康和生态环境管理三个子系统共21个指标的生态文明评价指标体系；何天祥（2011）借鉴PSR概念模型，提出生态文明压力、状态、整治与支撑四个方面设计具体指标体系。四是"驱动力—状态—响应"（DSR）模型指标体系。张会恒（2015）根据DSR模型构造驱动力（由经济发展类指标表示）、状态（由生态健康类、环境友好类、社会和谐类指标表示）和响应（由管理科学类指标表示，主要包括投入、政策、管理、试点情况等指标）指标体系。五是"驱动力—压力—状态—影响—响应"（DPSIR）模型指标体系。熊洪斌、刘进（2009）根据 DPSIR 模型的原理，在安徽省生态可持续发展综合评价中，从驱动力、压力、状态、影响及响应这五个方面来建立指标体系，分析了 2001～2006 年安徽省生态可持续发展水平，得出的安徽省生态可持续发展综合指数的结果，与实际相符。

这些研究从各自视角构建评价指标体系，侧重有所不同。随着时间推移，所建立指标体系包含的内容逐渐丰富，指标数目也逐渐增多。目前，"多系统一体"指标体系简单易懂，含义清楚，应用最为广泛；投入产出指标体系应用也较多。这两种方法构建的体系只能静态反映某些指标情况。PSR 模型与 DSR 模型为科学评价生态文明建设提供了思路与框架，能够全面分析人类社会经济等系统的压力或驱动力，即面对生态的压力或经济等因素驱动，造成了状态的改变，对人类产生负面影响；还可以分析造成环境恶化的本质原因，在何种压力下产生的负面状况，能够动态地展现生态文明发展状况，最后针对这些状况和原因提出相应的解决措施。这两种方法，PSR 模型应用相对较多，DSR 在生态文明评价中应用较少。如果将 PSR 与 DSR 结合起来，再考虑影响因素，所形成的 DPSIR 模型就会具有更好的分析能力。

第三，生态文明评价方法。对生态文明的评价方法依据指标权重确定的方法主要分为主观赋权评价法和客观赋权评价法。主观赋权综合评价方法主要包括层次分析法、模糊综合评价方法、专家评价法三种方法；客观赋权综合评价方法主要包括主成分分析法、熵值法、TOPSIS 法、灰色关联度法和数据包络分析法。

上述研究大大丰富了生态文明建设的理论与方法，有力地推动了我国生态文明研究，但还存在不足。一是生态系统的修复方面指标考虑较少，空间结构优化指标与制度指标欠缺，生态文明评价体系还没有很好动态地展现生态文明发展状况；二是评价方法比较单一，目前随着指标体系复杂程度增加，所处理数据量逐渐增大，需要采用大数据处理方法与动态评价方法结合运用，才能更好地分析数据；三是没有考虑到我国当前处于经济新常态对生态文明的要求。诸多学者（洪兴银，2014；齐建国，2015）认为中国经济"新常态"要适应经济发展进入转型期、资源环境约束不断强化的新形势，加快转变经济发展方式，从要素驱动、投资驱动转向创新驱动，优化升级经济结构，更加注重民生和生态文明建设。在当前经济新常态情形下，生态文明建设发展更注重创新驱动与优化调整产业结构。

三、长江经济带研究文献综述

目前对长江经济带研究逐渐得到学界关注，诸多学者对此进行丰富的研究。其中邹辉与段学军（2015）对诸多相关研究进行分析，从发展战略、产业发展、交通建设、区域经济差异、区域空间结构、区域协调与合作、地区与长江经济带关系以及生态环境八个方面对研究文献进行系统归纳总结分析。

长江经济带生态环境方面研究得到很多的关注。一是定性理论方面研究。杨桂山、徐昔保等（2015）系统分析了长江经济带生态环境现状特点，归纳总结了长江经济带面临的灾害威胁、环境污染以及生态退化等方面的生态环境问题与威胁，进而提出了建设长江经济带绿色生态保障工程体系，加快形成开发集约集中、生态自然开敞的国土空间开发格局，加大生态系统完整性和连通性建设与保护力度，强化节能减排和流域环境综合治理，以及率先建立和完善生态文明制度体系等生态环境保护总体策略。王树华（2014）认为有必要构建长江经济带跨省域生态补偿机制，从探索多元化融资渠道、以"造血型"补偿为主的多样化补偿方式等多个方面进行深入分析研究构建机制。刘振中（2016）认为长江经济带要以创新行政管理体制为突破口，在全流域建立生态管控体系，加强生态功能区建设，推进山水湖田等生态系统关键点的生态保护与修复，在"全域—片区—节点"生态建设与保护战略框架下发展。

二是定量方面研究。省域层面的研究有：汪克亮等（2015）选择工业用水总量、工业煤炭消费量、工业化学需氧量排放量以及工业二氧化硫排放量作为环境压力代表性指标纳入 DEA 分析框架之中，对长江经济带工业生态效率进行测度评价。汪克亮、孟祥瑞、程云鹤（2016）考虑到经济生产中的自然资源消耗及环境污染排放的"环境压力",采用 DEA 模型与视窗分析法,测算长江经济带省域生态效率指标,分析地区差异与变化趋势,采用 σ 收敛与 β 收敛分析其收敛性。袁一仁等(2016)从资源能源节约集约利用、生态环境保护、国土空间开发格局优化、生态文明制度保障的维度出发,建立了长江经济带生态文明评价指标体系。根据长江经济带 2003~2012 年的数据,采用动态因子分析法得到各省市综合得分,根据该得分通过空间自相关方法研究了长江经济带生态文明发展水平的空间布局和演变路径。宓泽锋、曾刚等(2016)从生态文明和发展潜力的内涵出发,构建了"社会—经济—自然"系统中的协调度模型和发展潜力模型,并对长江经济带生态文明建设情况进行分析。黄国华、刘传江等(2016)采用 2005~2013 年长江经济带(含九省两市)的能源消耗与经济社会数据,通过数理统计,得出各地历年碳排放量、人均碳排放、能源强度、产业结构多元水平的具体数值及变化率,结合运用弹性计算和矩阵分类法,发现长江经济带碳排放存在空间与结构差异。

三是城市层面的研究。王旭熙等(2015)从生态环境压力、状态、恢复潜力三个维度出发构建生态环境健康评价指标体系,建立熵权综合评价模型,对长江经济带 36 个城市生态环境健康进行了综合评价。任俊霖、李浩等(2016)在综述国内水生态文明评价研究文献基础上,按水生态、水经济和水社会三大系统,从水生态、水工程、水经济、水管理和水文化等方面筛选了 18 项指标构建了水生态文明城市建设评价指标体系,并应用主成分分析法对长江经济带 11 个省会城市的水生态文明建设水平进行测度分析。卢丽文、宋德勇、李小帆(2016)建立反映城市经济增长、社会效益、资源节约、环境保护的绿色效率指标体系,并采用 DEA-Undesirable outputs 模型测算出长江经济带 108 个地级及以上城市绿色效率,研究发现长江经济带城市绿色效率总体水平不高,但有逐步上升的态势,技术效率成为制约长江经济带绿色发展的主要因素。余淑均、李雪松与彭智远(2017)对长江经济带 38 个城市绿色创新效率进行测度,结果显示长江经济带绿色创新效率存在显著的区域差异,环境规制在一定程度上提升绿色创新效率,但存在区域差异。

综上所述,相关文献对长江经济带生态文明研究取得较好成效,但我国长江经济带领域的研究文献量总体较少（胡小飞、邹妍，2017），对长江经济带生态文明建设进行系统综合评价研究的文献尤其缺乏。

第三节 研究思路与方法

一、研究思路

本书遵循"文献研究—理论分析—数据搜集—综合评价研究—政策建议"的总体思路，基于经济新常态的视角，从省域与地级市两个维度对长江经济带生态文明建设进行系统评价；参考国内外大量文献，根据国家政策发展要求，采用"多系统一体"指标体系与"驱动力—压力—状态—影响—响应"模型构建了生态文明建设评价指标体系，采用 DEA 模型构建生态效率以及绿色全要素生产率投入产出评价指标体系，对长江经济带各省域及城市生态文明发展态势定量评价分析，认识研判长江经济带生态文明发展状态，从而找出存在的问题，准确寻找推进生态文明建设的有效途径。

二、研究方法

本书采用理论联系实际的方法论原则，广泛运用生态经济学、统计学、计量经济学以及社会学等方法，在对已有文献资料理论分析的基础上，对长江经济带生态文明现实进行理论反思，将定性与定量分析相结合，既注重现实的量化分析，也注重对客观规律的归纳总结。具体来说，构建生态文明、生态效率及绿色全要素生产率等评价体系，综合采用层次分析、相对偏差模糊矩阵评价、DSPIR 以及数据包络分析法（DEA）进行评价。从时间与空间上定量评价长江经济带各省、市的生态文明建设态势，并作比较分析。此外，采用 σ 收敛、绝对 β 收敛和条件 β 收敛分析其协调收敛发展，还运用面板 Tobit 模型探索分析长江经济带绿色 TFP 的影响因素。

第四节 主要内容与框架

一、主要内容

本书主要包括四部分，共十章。其中，第一部分是提出问题，阐述本书的研究背景、研究意义等，也就是第一章；第二部分是对长江经济带各省（市）生态文明建设进行综合评价，包括第二、第三、第四与第五章；第三部分是对长江经济带各地级市生态文明建设进行综合评价，包括第六、第七、第八与第九章；第四部分是提升长江经济生态文明建设水平的政策意见，即第十章。具体内容为：

第一章：绪论。阐述本书的研究背景、研究意义、相关文献综述、研究思路方法以及创新之处。

第二章：基于 DPSIR 模型长江经济带省域生态文明建设评价。本章基于 DPSIR 概念模型，运用模糊综合评价方法对长江经济带地区 11 个省市生态文明状况进行评价，发现评价研究期间，上海市生态文明建设水平最高，贵州省生态文明建设水平最低；长江经济带上游、中游、下游生态文明建设状况存在差异；安徽省需进一步加强生态文明建设。不同省份地区存在不同的优劣势，因此，各地政府要努力倡导"既要绿水青山，也要金山银山""绿水青山就是金山银山"的新理念，爱护环境，节约资源，顺应、尊重并保护自然，加大环保资金投入和科技教育经费的支出，转变经济发展方式，促进产业转型升级，走低碳循环可持续的绿色发展道路，更好地创建经济、政治、文化、社会、生态文明五位一体的和谐新社会。

第三章：长江经济带省域生态文明建设综合评价。本章在指标体系构建过程中充分考虑资源与环境因素，使得该评价体系可以综合反映长江经济带地区各省市资源环境、经济水平和社会生活之间的协调发展情况。基于层次分析法，经研究发现，长江经济带三大区域生态文明建设水平存在明显差异，其中下游地区（上海市、江苏省、浙江省、安徽省）生态文明建设综合水平最优；中游（江西省、湖北省、湖南省）其次；上游（重庆市、四川省、云南省、贵州省）最差；长江经济带生态文明建设水平Theil系数逐年下降，表明其区域差异逐年降低。在三大区域中，下游地区生态文明建设水平区域差异最大，其次是上游地区，中游地区区域差异最小；上游、下游生态文明建设水平区域差异逐年递减，而中游地区则呈现出上升趋势。长江经济带生态文明建设水平存在上升空间，因此，可进一步健全生态文明建设制度，着重考察资源环境水平、社会生活质量等，加大环境污染责任追究力度，倡导绿色消费、绿色出行、绿色经济等，将长江经济带打造成一条生态长廊和生态文明先行示范带；积极宣传可持续发展理念，强化生态文明建设责任考核制度，将生态文明建设水平作为政绩考核的重要标准之一，对浪费社会资源、破坏生态系统的行为加大惩罚力度。

第四章：长江经济带省域生态效率评价研究。本章构建衡量生态效率的投入产出指标体系，采用基于 Malmquist-Luenberger 指数法的超效率DEA 模型，对长江经济带及上中下游 2004～2015 年生态效率进行评价，并测算了生态效率差异性及收敛性。实证研究结果显示：长江经济带各省市生态效率总体平均水平较高，下游生态效率高于平均水平，中游和上游低于平均水平；生态效率区域差异性显著，省际间差异均明显高于上中下游间差异，且差异性趋势减缓；长江经济带层面生态效率 σ 收敛大体上呈现出"总体收敛，局部发散"的特点，上中下游区域呈现出生态效率 σ 收敛和绝对 β 收敛，这表明长江经济带存在生态协调发展的有利环境。经济"新常态"下，应该更加注重长江经济带一体化发展进程，让下游区域高新技术向中、上游区域转移，各省市应结合自身生态效率发展状况特点推进生态文明建设，缩小区域间生态效率差异，促进生态协调发展。

第五章：长江经济带省域绿色全要素生产率评价研究。本章考虑到跨区域研究中存在技术集合差异的问题，针对以往效率评价方法存在的缺陷，在共同前沿分析框架下将超效率 SBM-Undesirable 模型与 Metafrontier-Malmquist-Luenberger 指数相结合，对长江经济带能源与环境双重约束下的绿色全要素生产率指数（以下简称绿色 TFP）及其分解成分的动态变化进行测度，进而探讨了各区域间绿色 TFP 增长的收敛性，最后基于面板数据 Tobit 模型对长江经济带总体及其上、中、下游地区绿色 TFP 的影响因素进行实证研究。结果显示：长江经济带下游区域绿色 TFP 表现最佳，流域间呈现出从上游至下游递增的趋势；技术进步是各省市绿色 TFP 增长动力的主要源泉，而技术效率整体上减缓了绿色 TFP 增长，亟须注重技术效率的改进；长江经济带总体及三大流域绿色 TFP 增长均表现出 σ 收敛、绝对 β 收敛和条件 β 收敛的特征，各省市需要坚持因地制宜推进全要素生产率真正实现绿色增长；经济发展水平、对外开放程度、产业结构、环境规制和能源消费结构是影响长江经济带绿色 TFP 的主要因素。

第六章：基于 DPSIR 模型长江经济带城市生态文明建设评价。对长江经济带 108 个城市（除上海、重庆外，其余均为地级市）生态文明建设进行综合评价比较。本章利用长江经济带地市级生态文明相关数据，构建了 DPSIR 生态文明评价模型，分别从省会城市和各省市均值的角度对长江经济带驱动力、压力、状态、影响和响应五个方面进行比较分析，研究得出，长江经济带各城市生态文明发展水平差异明显，各省会城市生态文明发展差异明显，总体上看城市生态文明发展水平是下游最优，中游次之，上游最末。并根据所得结论提出了政策建议，包括长江经济带城市生态文明区域发展应因地制宜、协调发展，采取相应措施加快长江经济带生态文明建设一体化发展。

第七章：长江经济带城市生态文明综合评价分析。本章利用层次分析法从资源、经济、环境保护三个方面入手，选取指标体系对长江经济带 108 个城市 2015 年数据进行建模，得到这些城市发展中的生态文明状况，结果发现：长江经济带城市生态文明状况不同区域间存在差异，部分省份内部城市之间的差异也很明显。一线城市（上海、武汉、南京、杭州）的生态文明发展程度明显高于二三线城市。长江经济带上游、中游与下游的经济发展不平衡导致不同地区生态文明进程有一定的差异，其中下游城市生态文明建设好于上游和中游。

第八章：长江经济带城市生态效率评价。本章从生态效率的角度，利用 SBM 模型对长江经济带 2004～2014 年 108 个城市的生态效率进行了测度分析。结果表明：长江经济带 108 个城市平均的 SBM 效率为 1.073，该值大于 1，说明从总体上来说，长江经济带沿线城市的环境保护相对较好。同时对生态效率结果进行了收敛性检验，结果表明：长江经济带城市生态效率整体上不存在 σ 收敛现象，但是存在绝对 β 收敛和条件 β 收敛，表明各个城市之间的差异性在缩小的同时，整体生态效率收敛于自身的稳态水平。

第九章：长江经济带城市绿色全要素生产率评价分析。本章从生产率的角度，利用 DEA-Malmquist 指数对长江经济带 2004～2014 年 108 个城市的绿色全要素生产率进行了测度分析。结果表明：整体上来看，长江经济带生产率增速较快，平均增长了 2.9%，技术效率增速较慢，只有 0.9984，下降了 0.2%；技术进步指数大于 1，增长了 3.1%，从技术和管理制度层面来说是有所改进的。大部分城市的技术进步指数（GTECH）要大于技术效率指数（GEFCH），也有小部分城市的技术进步指数要小于技术效率指数，更需要加大对技术水平的创新和提高。同时对绿色全要素生产率的影响因素进行了分析，结果表明：产业结构、政府的财政支出、政府的环境规制行为对长江经济带城市的绿色全要素生产率的提升产生正影响，外商投资水平对绿色全要素生产率的有负影响显著，但没有通过统计检验。

第十章：推进长江经济带生态文明发展政策建议。结合前面各章实证研究结论，从"全面深刻领会长江经济带生态优先和绿色发展理念""实施好长江经济带生态环境大保护顶层规划设计""优化空间布局，推进技术创新和产业结构调整""清洁生产，健全管理制度""建立跨省域生态补偿机制"以及"持绿色发展，以优带劣，打造生态文明示范带"等多个方面提出政策性建议。

二、研究框架

根据本书的研究思路及研究内容，确定本书的研究框架，见图 1 - 1。

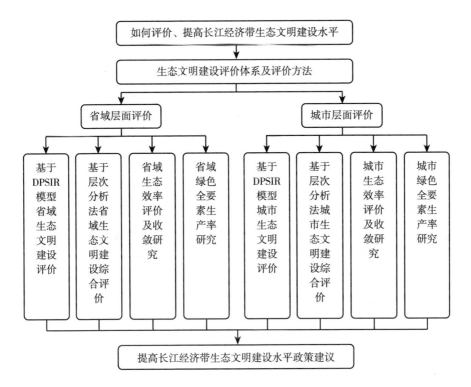

图 1－1　研究框架

第五节　研究意义与创新之处

一、研究意义

基于经济新常态的视角，建立生态文明建设评价指标体系，对长江经济带各省市生态文明的发展态势进行综合评价，从时空上做定量比较分析，为长江经济带各省市以及各地级市生态文明建设提供一个动态的、相对的参照坐标，总结其发展规律，以期为长江经济带各省域及各地级市明确自身生态文明发展状态，准确定位下一步生态文明建设的重点，分析其影响因素，寻找在经济新常态下推进生态文明建设的有效途径，为长江经济带各省市生态文明建设提供有益启示与建议。这对长江经济带生态文明建设有效开展具有较强的实践意义。

二、创新之处

长江经济带生态文明建设是复杂系统，需要从多维度进行研究，从时空等方面对比分析。本书统筹考虑经济、自然、社会及文化等方面协调发展，采用"多系统一体"指标体系与"驱动力—压力—状态—影响—响应"模型构建评价指标体系，从省域与城市等两个维度对长江经济带生态文明建设进行定量评价分析；由于生态效率及绿色发展是生态文明建设的基础，于是构建投入产出体系，采用 DEA 等方法对长江经济带的省域与城市生态效率及绿色全要素生产率进行评价研究。从发展趋势的视角来看，从时空两方面将长江经济带生态文明建设状况动态展现出来。

三、不足之处

在建立生态文明评价指标体系时，由于数据可获得性，就会存在理论上设定的体系与实证采用的体系不一致的情况。国家发展和改革委员会等部门公布的评价指标体系为生态文明评价提供依据，但是长江经济带的特殊性与数据难以获取，不能完全照搬该体系；特别是，城市详细数据很难获取，省域与城市生态文明评价指标体系存在不一致的情况，还存在对城市生态文明评价还不够深入细致的问题。这也是今后研究的工作，将进一步搜集相关数据对城市生态文明进行深入研究。

第二章

基于 DPSIR 模型长江经济带省域
生态文明建设评价

生态文明是人类文明发展的一个新阶段，是人类为保护和建设美好生态环境而取得的物质成果、精神成果和制度成果的总和，是贯穿于经济建设、政治建设、文化建设、社会建设全过程和各方面的系统工程，反映了一个社会的文明进步状态，已成为衡量一个国家或地区整体发展水平的重要标志。DPSIR（驱动力—压力—状态—影响—响应）模型层次清晰、系统性强，能有效地揭示经济发展与生态环境、社会状况、人类生活状态等之间的相互关系，可以系统、有效地评价生态文明建设水平。DPSIR 模型目前已得到广泛应用，取得很好效果。

第一节　生态文明建设评价指标体系构建

一、DPSIR 模型

DPSIR 模型包含驱动力（D）、压力（P）、状态（S）、影响（I）、响应（R）五个要素。其中，驱动力是指引致环境变化的潜在隐性因素，一般用经济指标表征；压力是指人类活动对生态环境造成的影响，一般指环境压力；状态是由于压力存在而使得环境所处的状况；影响是指环境状况对人类健康、社会经济发展产生的影响；响应则是指政府等相关部门为改善当前状况而采取的积极性政策。

（一）DPSIR 模型的起源

统计学家安东尼最早提出 PSR（压力—状态—响应）模型，然后被 OECD 环境组织用于解决实际问题。PSR 模型基于人类活动对环境产生的压力，进而改变环境状态，从而引发调节措施这一框架构建而成。PSR 模型解释了是什么（S 状态），为什么（P 压力）以及怎么做（R 响应）之间的因果关系。然而，由于 PSR 模型指标较少，当研究领域影响因素较少时，可以考虑使用该指标体系；但通常情况下，领域内的影响因素往往是复杂多变的，此时应用该模型有一定的局限性。

在 DSR 模型中，D 表示驱动力，指造成环境变化的潜在原因，通常是消费形式和经济发展模式。该指标体系引入社会经济因素，弥补了 PSR 模型中的不足。不过，该模型同 PSR 模型一样指标较少，具有一定的片面性。

20 世纪 90 年代，OECD 环境组织综合考虑 PSR 和 DSR 模型的优点，提出了 DPSIR 模型，用于解决环境问题。DPSIR 模型涵盖社会、经济、环境、资源等各个方面，能有效地揭示各指标间的内在联系，反映体系中复杂因素之间的因果关系，为政府部门推进可持续发展进程提供良好的依据。

（二）DPSIR 模型的应用

1. 国外应用情况

DPSIR 模型在海洋资源、土壤资源、农业等问题的管理与保护等领域得到广泛的应用。安杰尔·鲍尔佳（Angel Borja，2005）就地下水、内陆河水，以及海洋的保护进行研究并发表相关指导书，且据此指导西班牙北部一地区的水质管理工作。帕切科与卡拉斯科（Pacheco and Carrasco，2006）综合利用海岸管理理论和 DPSIR 模型，提出了 CMP 模型，并根据该模型，选取影响海岸管理的经济指标、资源指标等，进行了有效的实证研究。

2. 国内应用情况

于伯华、吕昌河（2004）运用 DPSIR 模型进行农业可持续研究，在系统地分析农业系统的驱动力、压力、状态以及农业所处的状态对人类健康和环境的影响之后，制定了一系列促进农业可持续发展的积极政策，最后给出了农业可持续发展指标体系。郭红连等（2003）通过 DPSIR 模型构建战略环境评价指标体系，将指标体系分为驱动力、压力、状态、影响、响应五个部分，建立了城市总体规划环境影响评价体系。杜晓丽等（2005）依据 DPSIR 模型的理论框架，分析环境管理社会能力，建立了环境管理社会能力的评价指标体系。

本章在以上文献的基础上，根据 DPSIR 理论模型，确定驱动力、压力、状态、影响、响应因素，建立长江经济带省域生态文明建设评价指标体系。

二、模糊综合评价方法

（一）相对优属度矩阵评价

1. 建立模糊效益型矩阵或模糊成本型矩阵

通常评价指标分为效益型、成本型、固定型和区间型指标。在对各评价方案进行综合评价之前，有必要确定好评价指标的属性。这里用 I_1、I_2、I_3 分别表示效益型、成本型和固定型指标。对于指标矩阵 A，针对上述几种类型指标，可以构建效益型矩阵或成本型矩阵，即通过无量纲化，将矩阵的各元素均转化为效益型指标或成本型指标。

（1）模糊效益型矩阵。

$$B = (b_{ij})_{m \times n}$$

$$b_{ij} = \begin{cases} \dfrac{a_{ij} - \min_i a_{ii}}{\max_j a_{ij} - \min_j a_{ij}} & u_{ij} \in I_1 \\[2mm] \dfrac{\max_j a_{ij} - a_{ij}}{\max_j a_{ij} - \min_j a_{ij}} & a_{ij} \in I_2 \\[2mm] \dfrac{\max_j |a_{ij} - \alpha_j| - |a_{ij} - \alpha_j|}{\max_i |a_{ii} - \alpha_i| - \min_i |a_{ij} - \alpha_i|} & a_{ij} \in I_3 \end{cases} \quad (2-1)$$

$$D = (d_{ij})_{m \times n}$$

$$d_{ij} = \begin{cases} \dfrac{a_{ij}}{\max_j a_{ij}} & a_{ij} \in I_1 \\[3mm] \dfrac{\min_j a_{ij}}{a_{ij}} & a_{ij} \in I_2 \\[3mm] \dfrac{\min_j |a_{ij} - \alpha_j|}{|a_{ij} - \alpha_j|} & a_{ij} \in I_3 \end{cases} \qquad (2-2)$$

其中，α_j 为第 j 项指标的适度数值。

（2）模糊成本型矩阵。

$$C = (c_{ij})_{m \times n}$$

$$c_{ij} = \begin{cases} \dfrac{\max_j a_{ij} - a_{ij}}{\max_j a_{ij} - \min_j a_{ij}} & a_{ij} \in I_1 \\[4mm] \dfrac{a_{ij} - \min_j a_{ij}}{\max_j a_{ij} - \min_j a_{ij}} & a_{ij} \in I_2 \\[4mm] \dfrac{|a_{ij} - \alpha_j| - \min_j |a_{ij} - \alpha_j|}{\max_j |a_{ij} - \alpha_j| - \min_j |a_{ij} - \alpha_j|} & a_{ij} \in I_3 \end{cases} \qquad (2-3)$$

$$E = (e_{ij})_{m \times n}$$

$$e_{ij} = \begin{cases} \dfrac{\min_j a_{ij}}{a_{ij}} & a_{ij} \in I_1 \\[3mm] \dfrac{a_{ij}}{\max_j a_{ij}} & a_{ij} \in I_2 \\[3mm] \dfrac{|a_{ij} - \alpha_j|}{\min_j |a_{ij} - \alpha_j|} & a_{ij} \in I_3 \end{cases} \qquad (2-4)$$

2. 建立各评价指标的权重向量 $\boldsymbol{\omega} = (\omega_1, \omega_2, \cdots, \omega_m)$

指标权重的确定方法通常有两种，即主观赋权法和客观赋权法。主观赋权法通过专家打分的方式确定指标权重，因此又称专家评测法。客观赋权法则是基于指标间的联系，通过数学方法加以计算得出指标权重，例如变异系数法、熵值法等。

（1）变异系数法。

首先计算各指标的变异系数 $v_i = \dfrac{s_i}{|\bar{x}_i|}$ \qquad (2-5)

其中，
$$
\begin{cases}
\bar{x}_i = \dfrac{1}{n}\sum\limits_{j=1}^{n} a_{ij}\ \text{为第}\ i\ \text{项指标的平均值,} \\[4mm]
s_i^2 = \dfrac{1}{n-1}\sum\limits_{j=1}^{n}(a_{ij}-\bar{x}_i)^2\ \text{为第}\ i\ \text{项指标的方差。}
\end{cases}
\tag{2-6}
$$

然后对 v_i 进行归一化，即得到各指标的权重

$$
\omega_i = \frac{v_i}{\sum\limits_{i=1}^{m} v_i}\ (i = 1,2,\cdots,m)
\tag{2-7}
$$

（2）熵值法。

信息熵是系统无序程度的度量，信息是系统有序程度的度量，二者绝对值相等但符号相反。某项指标的指标值变异程度越大，信息熵就越小，该指标提供的信息量就越大，该指标的权重也应越大；反之，某项指标的指标值变异程度小，信息熵越大，该指标提供的信息量越小，该指标的权重也越小。所以可根据各项指标的变异程度，利用信息熵工具，计算出各指标的权重，具体步骤为：

① 各指标同度量化，计算第 j 项指标下第 i 个方案指标值的比重 p_{ij}。

$$
p_{ij} = \frac{x_{ij}}{\sum\limits_{i=1}^{m} x_{ij}}
\tag{2-8}
$$

② 计算第 j 项指标的熵值 e_j。

$$
e_j = -k\sum_{i=1}^{m} p_{ij}\ln p_{ij}
\tag{2-9}
$$

其中，$k>0$，$\ln$ 为自然对数，$e_j \geqslant 0$。如果 x_{ij} 对于给定的 j 全部相等，则 $p_{ij}=\dfrac{1}{m}$，此时 e_j 取极大值，即

$$
e_j = -k\sum_{i=1}^{m}\frac{1}{m}\ln\frac{1}{m} = k\ln m
\tag{2-10}
$$

若设 $k = \dfrac{1}{\ln m}$，于是有 $0 \leqslant e_j \leqslant 1$。

③ 计算第 j 项指标的差异性系数 g_j。对于给定的 j，若 x_{ij} 的差异性越小，则 e_j 越大；若 x_{ij} 的差异性越大，则 e_j 越小；若 x_{ij} 全部相等，则 $e_j = \max e_j = 1$，此时对方案指标的比较，指标 x_{ij} 毫无作用，所以取差异性系数。

$$g_j = 1 - e_j \qquad (2-11)$$

④ 对差异性系数进行归一化，可计算出权重。

$$\omega_j = \frac{g_j}{\sum\limits_{k=1}^{m} g_k}(j = 1,2,\cdots,m) \qquad (2-12)$$

3. 建立综合评价模型

$$FB_j = \sum_{i=1}^{m} \omega_i b_{ij}(j = 1,2,\cdots,n) \qquad (2-13)$$

且若$FB_t > FB_s$，则第 t 个方案排在第 s 个方案前。

$$FD_j = \sum_{i=1}^{m} \omega_i d_{ij}(j = 1,2,\cdots,n) \qquad (2-14)$$

且若$FD_t > FD_s$，则第 t 个方案排在第 s 个方案前。

$$FC_j = \sum_{i=1}^{m} \omega_i c_{ij}(j = 1,2,\cdots,n) \qquad (2-15)$$

且若$FC_t < FC_s$，则第 t 个方案排在第 s 个方案前

$$FE_j = \sum_{i=1}^{m} \omega_i e_{ij}(j = 1,2,\cdots,n) \qquad (2-16)$$

且若$FE_t < FE_s$，则第 t 个方案排在第 s 个方案前

注意：以上判别准则的差别在于模糊矩阵的属性是不同的。

（二）相对偏差模糊矩阵评价

设 $U = \{u_1, u_2, \cdots, u_n\}$ 是待评价的 n 个方案集合，$V = \{v_1, v_2, \cdots, v_m\}$ 是评价因素集合，将 U 中的每个方案用 V 中的每个因素进行衡量，得到一个观测值矩阵

$$A = \begin{pmatrix} a_{11} & \cdots & a_{1n} \\ \vdots & & \vdots \\ a_{m1} & \cdots & a_{mn} \end{pmatrix} \qquad (2-17)$$

其中，a_{ij} 表示第 j 个方案关于第 i 项评价因素的指标值（$i = 1,2,\cdots,m$；$j = 1,2,\cdots n$）。

相对偏差模糊矩阵评价的步骤如下：

1. 建立理想方案

$$u = (u_1^0, u_2^0, \cdots, u_m^0) \qquad (2-18)$$

其中，$u_i^0 = \begin{cases} \max_{1 \leqslant j \leqslant n}\{a_{ij}\} \text{当} a_{ij} \text{为效益型指标} \\ \min_{1 \leqslant j \leqslant n}\{a_{ij}\} \text{当} a_{ij} \text{为成本型指标} \end{cases}$，$i = 1, 2, \cdots, m$　（2-19）

2. 相对偏差模糊矩阵 $\widetilde{R}$

$$\widetilde{R} = \begin{pmatrix} r_{11} & \cdots & r_{1n} \\ \vdots & \ddots & \vdots \\ r_{m1} & \cdots & r_{mn} \end{pmatrix} \qquad (2-20)$$

其中，$r_{ij} = \dfrac{|a_{ij} - u_i^0|}{\max_{1 \leqslant j \leqslant n}\{a_{ij}\} - \min_{1 \leqslant j \leqslant n}\{a_{ij}\}}(i = 1,2,\cdots,m;j = 1,2,\cdots,n)$。

3. 建立各评价指标的权重 $\omega_i(i = 1,2,\cdots,m)$

4. 建立综合评价模型

$$F_j = \sum_{i=1}^{m} \omega_i r_{ij}(j = 1,2,\cdots,n) \qquad (2-21)$$

相对偏差模糊矩阵方法不需要对原始数据进行预处理，所建立的相对偏差矩阵在消除量纲的同时得到了一个成本型模糊矩阵，用于刻画各方案与理想方案的偏离程度，所以若 $F_t < F_s$，则第 t 个方案优于第 s 个方案，即得分越低，状况越优。

三、生态文明建设评价指标体系

在本章评价体系中，模型中驱动力（D）、压力（P）、状态（S）、影响（I）、响应（R）之间的关系为：D 是在社会经济需求的驱动下，生态文明建设满足需求的发展状况；P 是资源、环境等在生态文明建设进程中所处的压力水平；S 是基于生态系统压力而使得生态环境所面临的状况；I 是生态系统状态对人类社会发展所产生的作用；R 是人类基于压力、状态、影响而制定的积极应对政策。以上五部分综合反映了生态文明建设的情况。

1. 驱动力因素分析

由于驱动力是反映生态文明中经济方面的发展状况，因此应该选取以促进生态文明进步的经济指标表征驱动力水平。所以，驱动力指标可以从社会经济发展方面考虑选取人均地区生产总值、居民消费水平、城镇化水平、人口自然增长率、城市居民家庭人均可支配收入、农村居民家庭人均可支配收入等作为指标因子。

2. 压力因素分析

在生态文明建设的进程中，不可避免地会对环境及资源带来巨大的压力，因此应该从能源消耗及环境污染两方面分析压力指标，可选取人均煤炭消费量、人均废水排放量、人均用水量、单位农业产值农药使用量、每万元 GDP 化学需氧量排放量、每万元 GDP 二氧化硫排放量、单位生产总值能耗、每万元 GDP 工业固体废物产生量等压力因子进行描述。

3. 状态因素分析

状态是指生态环境在面对系统压力时所处的表现，改革开放以来，长江经济带地区经济指标等在不断增长的同时，消耗了大量的能源，也产生了过量的二氧化碳、二氧化硫、一氧化碳等污染物，对环境资源产生了恶劣的影响，生态文明建设系统的状态应包括资源状态、居民生活水平等方面，因此可以从人均公园绿地面积、人均城市建设用地面积、人均森林面积、第三产业占 GDP 的比重、人均水资源量等方面作为指标因子。

4. 影响因素分析

生态文明建设水平与资源环境的变化密不可分，而人类健康、经济发展水平等也会因资源环境的不同而变化，所以，可选取自然保护区占辖区面积比重、森林覆盖率、每万人医疗机构床位数、城镇登记失业率作为表征生态文明建设体系中影响因子的指标。

5. 响应因素分析

面对资源环境压力、生态系统状态、经济发展动向等，人类必然要采取一系列应对措施，以便正向引导生态文明建设进程。即为实现可持续发展的战略目标，我们必须采取相应的政策进行调节，该调节过程即为响应过程，如城市污水日处理能力、R&D 经费占 GDP 的比重、工业废弃物综合利用率、城市环境基础设施建设投资额、生活垃圾无害化处理率、每万人口普通高等学校平均在校学生数、工业污染治理完成投资额等。

综合考虑评价指标体系设计所应遵守的可靠性原则、客观性原则、系统性原则、可操作性原则以及数据的可获得性，本章生态文明建设评价指标体系如表 2 - 1 所示。

表 2 - 1　　　　　　　　　　　生态文明建设评价指标体系

目标层	准则层	决策层	单位	指标属性
生态文明建设评价指标体系	驱动力（D）	人均地区生产总值 D_1	元/人	效益型
		居民消费水平 D_2	元	效益型
		城镇化水平 D_3	%	效益型
		人口自然增长率 D_4	‰	效益型
		城市居民家庭人均可支配收入 D_5	元	效益型
		农村居民家庭人均可支配收入 D_6	元	效益型
	压力（P）	人均煤炭消费量 P_1	吨/人	成本型
		人均废水排放量 P_2	吨/人	成本型
		人均用水量 P_3	立方米/人	成本型
		单位农业产值农药使用量 P_4	万元/吨	成本型
		每万元 GDP 化学需氧量排放量 P_5	吨/万元	成本型
		每万元 GDP 二氧化硫排放量 P_6	吨/万元	成本型
		单位生产总值能耗 P_7	吨标准煤/万元	成本型
		每万元 GDP 工业固体废物产生量 P_8	吨/万元	成本型
	状态（S）	人均公园绿地面积 S_1	平方米/人	效益型
		人均城市建设用地面积 S_2	平方米/人	效益型
		人均森林面积 S_3	平方米/人	效益型
		第三产业占 GDP 的比重 S_4	%	效益型
		人均水资源量 S_5	立方米/人	效益型
	影响（I）	自然保护区占辖区面积比重 I_1	%	效益型
		森林覆盖率 I_2	%	效益型
		每万人医疗机构床位数 I_3	张	效益型
		城镇登记失业率 I_4	%	成本型
	响应（R）	城市污水日处理能力 R_1	万立方米	效益型
		R&D 经费占 GDP 的比重 R_2	%	效益型
		工业废弃物综合利用率 R_3	%	效益型
		城市环境基础设施建设投资额 R_4	亿元	效益型
		生活垃圾无害化处理率 R_5	%	效益型
		每万人口普通高等学校平均在校学生数 R_6	人	效益型
		工业污染治理完成投资额 R_7	万元	成本型

注：以 2007 年为基期，计算各省（市）不变价 GDP，以便对省市做动态比较分析。

第二节　实证研究方法

一、数据收集与数据处理

1. 数据收集

数据来源于 2009~2015 年的《中国统计年鉴》《中国能源统计年鉴》《中国环境统计年鉴》等，或根据这些年鉴数据经计算整理得到。

2. 数据处理

为保证数据的真实性、客观性，本章所选取的指标口径均与统计局统计标准口径相一致。生态文明建设指标共分为两类：成本型指标与效益型指标。成本型指标的指标数值与评价结果负向，即指标数值越小，评价结果越好；效益型指标的指标数值与评价结果同向，即指标数值越大，评价结果越好。由于不同指标间属性不同，计量单位也有所差异，为了便于分析比较，我们通过无量纲化，将矩阵的各元素均转化为效益型指标。成本型指标与效益型指标的标准化如公式（2-22）、公式（2-23）所示。

成本型指标：
$$r_{ij} = \frac{\min_j a_{ij}}{a_{ij}} \qquad (2-22)$$

效益型指标：
$$r_{ij} = \frac{a_{ij}}{\max_j a_{ij}} \qquad (2-23)$$

其中，$R = r_{ij}$ 为标准化后的指标数值，r_{ij} 为第 i 个指标对象在第 j 项指标下的标准化数值，该值介于 0 和 1 之间。a_{ij} 为原始数据，$\max_j a_{ij}$ 为第 j 项指标的最大值，$\min_j a_{ij}$ 为第 j 项指标的最小值。

二、指标权重确定

在指标体系的构建过程中，权重的确定方法分为主观赋权法、客观赋权法。但是就主观赋权法而言，由于各专家的立场、态度不同，打分情况也有所差异。为保证权重的客观性、公正性，我们采用熵值法进行赋权。

熵值法比较客观，其得出的结果只与指标数值本身有关，几乎不受主观因素的影响。通过熵值法得出的指标权重结果如表 2 - 2 所示（结果保留四位小数）。

表 2 - 2　　　　　　　　2008 ~ 2014 年各指标权重

指数	2008 年	2009 年	2010 年	2011 年	2012 年	2013 年	2014 年
D_1	0.0580	0.0598	0.0567	0.0558	0.0526	0.0499	0.0503
D_2	0.0163	0.0176	0.0170	0.0186	0.0164	0.0168	0.0189
D_3	0.0134	0.0136	0.0128	0.0122	0.0108	0.0099	0.0092
D_4	0.0242	0.0224	0.0293	0.0263	0.0162	0.0186	0.0182
D_5	0.0111	0.0118	0.0118	0.0119	0.0112	0.0148	0.0148
D_6	0.0369	0.0406	0.0381	0.0369	0.0359	0.0316	0.0318
P_1	0.0096	0.0096	0.0092	0.0114	0.0137	0.0153	0.0160
P_2	0.0392	0.0405	0.0417	0.0258	0.0231	0.0211	0.0189
P_3	0.0149	0.0160	0.0135	0.0154	0.0136	0.0163	0.0176
P_4	0.0263	0.0317	0.0369	0.0364	0.0416	0.0449	0.0467
P_5	0.0196	0.0205	0.0200	0.0201	0.0193	0.0186	0.0189
P_6	0.0899	0.0989	0.1004	0.1031	0.1003	0.0963	0.0980
P_7	0.0173	0.0187	0.0188	0.0185	0.0172	0.0159	0.0160
P_8	0.0744	0.0816	0.0831	0.0863	0.0846	0.0819	0.0844
S_1	0.0050	0.0055	0.0066	0.0113	0.0098	0.0086	0.0070
S_2	0.0171	0.0177	0.0171	0.0186	0.0217	0.0212	0.0206
S_3	0.0911	0.0868	0.0879	0.0930	0.0933	0.0924	0.0962
S_4	0.0027	0.0036	0.0040	0.0051	0.0052	0.0049	0.0046
S_5	0.0557	0.0465	0.0602	0.0540	0.0699	0.0660	0.0579
I_1	0.0433	0.0546	0.0532	0.0565	0.0561	0.0555	0.0495
I_2	0.0467	0.0271	0.0275	0.0291	0.0292	0.0289	0.0301
I_3	0.0196	0.0185	0.0164	0.0144	0.0012	0.0014	0.0018
I_4	0.0013	0.0016	0.0019	0.0022	0.0025	0.0023	0.0028
R_1	0.0819	0.0758	0.0737	0.0734	0.0722	0.0667	0.0705
R_2	0.0274	0.0279	0.0281	0.0358	0.0380	0.0381	0.0411
R_3	0.0123	0.0131	0.0098	0.0107	0.0090	0.0121	0.0102
R_4	0.0852	0.0703	0.0701	0.0583	0.0649	0.0767	0.0752
R_5	0.0045	0.0042	0.0031	0.0038	0.0013	0.0004	0.0002
R_6	0.0150	0.0138	0.0113	0.0101	0.0089	0.0077	0.0069
R_7	0.0400	0.0496	0.0402	0.0454	0.0597	0.0652	0.0659

三、综合得分计算

根据标准化后的指标数值r_{ij}及 2008～2014 年的指标权重分配，计算各省市不同年份的生态文明建设综合指数 Z，即 $Z = \sum_{j=1}^{n} r_{ij} \times \omega_j$。$Z$ 值越大，表明生态文明建设水平越高；反之，Z 值越小，表明生态文明建设水平越低，需采取措施进一步改善生态文明建设状况。根据建立的生态文明建设评价指标体系，结合相对优属度矩阵评价方法，得出长江经济带 11 个省市 2008～2014 年生态文明建设得分情况。

第三节　实证结果分析

一、综合评价结果分析

由 2008～2014 年长江经济带 11 个省市生态文明建设综合得分（见图 2－1）可知，总体而言，各省市生态文明建设水平均呈现出上升趋势。其中，上海市、江苏省、浙江省生态文明建设状况较优，处于领先

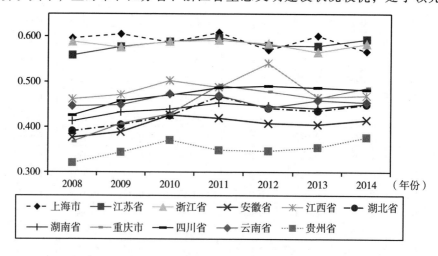

图 2－1　2008～2014 年长江经济带生态文明建设综合得分

水平；江西省、四川省、重庆市、云南省、湖北省、湖南省、安徽省生态文明建设状况处于中间水平，存在进一步上升的空间，不过江西省生态文明建设状况波动较大；11 个省市中，贵州省生态文明建设状况最差，亟待改进。

二、准则层评价结果分析

（一）驱动力指标

由 2008～2014 年长江经济带 11 个省市驱动力指标得分（见图 2－2）可知，上海市驱动力水平一直处于领先位置，浙江省、江苏省驱动力水平较优，这反映出上海市、浙江省、江苏省经济比较发达；安徽省、江西省、湖北省、湖南省、重庆市、四川省、云南省、贵州省驱动力水平较差，说明这 8 个省份经济比较滞后，需采取措施提高当地经济发展水平。除此之外，由图 2－2 可以看出，2008～2014 年，上海市、浙江省、江西省驱动力水平总体呈下降趋势，其他省份虽有所上升，但上升幅度很小，且期间有所波动，究其原因，可能是现今我国经济更强调经济结构稳定增长，强调"新常态"，经济增长速度比较缓慢。

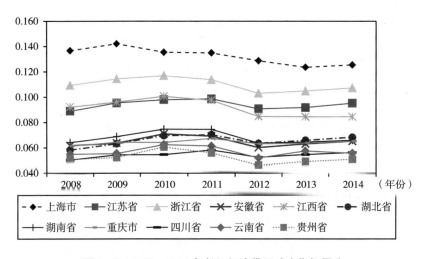

图 2－2　2008～2014 年长江经济带驱动力指标得分

（二）压力指标

2008～2014 年，长江经济带 11 个省市压力指标得分数值逐年增大，由 2008～2014 年长江经济带 11 个省市压力指标得分（见图 2-3）可知，总体而言，长江经济带 11 个省市的压力水平逐渐优良化，生态及资源环境所承受的压力逐年减小。其中，上海市的压力指标综合得分一直最高，生态及资源环境压力水平最低，上海市、浙江省、江苏省的环境压力常年低于其他省市；安徽省等 8 个省市的环境压力虽然逐年降低，但是相比较而言，这 8 个省市的环境所承受的环境压力依然较大，尤其是江西省、贵州省，其压力指标虽逐步变小，但人均废水排放量、每万元 GDP 二氧化硫排放量、每万元 GDP 工业废物产生量等指标数值仍然较大，需采取措施，进一步改善生态及资源环境质量。

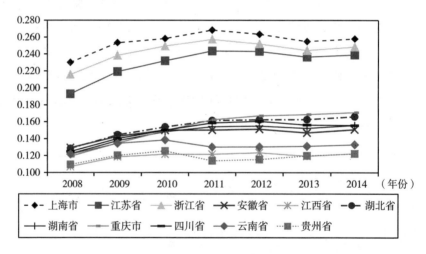

图 2-3　2008～2014 年长江经济带压力指标得分

（三）状态指标

由 2008～2014 年长江经济带 11 个省市状态指标得分（见图 2-4）可知，总体而言，长江经济带 11 个省市的生态环境状况呈上升趋势。其中，云南省生态环境状况常年最优；江西省其次，不过期间波动幅度比较大；四川省、贵州省、安徽省生态环境水平皆呈稳定上升趋势；江苏省、上海市生态环境状况虽然逐步优化，但是在长江经济带地区却处于落后位置，结合这两个省市的经济水平、环境压力可知，虽然上海市、江苏省经济发展水平比较高，生态及资源环境所处压力比较小，但上海市人均公园绿地面积、人均森林面积、人均水资源量、森林覆盖率等常年最低，江苏省人均森林面积、人均水资源量等较低，这两个地区状态指标有待优化。可见，上海市、江苏省应注重环境在压力下所处的状况，综合考虑资源状态、居民生活水平等。

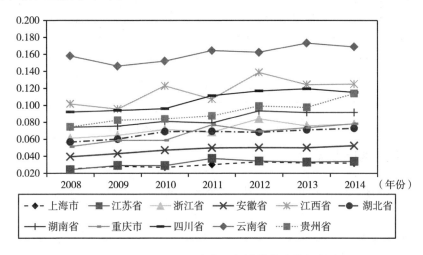

图 2 – 4　2008～2014 年长江经济带状态指标得分

（四）影响指标

由 2008～2014 年长江经济带 11 个省市影响指标得分（见图 2 – 5）可知，四川省影响指标综合得分最高，但自然保护区占下去面积的比重有所降低，影响指标整体呈下降趋势；江苏省森林覆盖率较低，影响指标综合得分最低，且整体呈下降趋势；上海市、江苏省、浙江省、安徽省、江西省、湖北省、湖南省、云南省影响指标综合得分最高的年份皆是 2008 年；由图 2 – 5 可以直观地看出，2008～2009 年，江西省、浙江省、上海市影响指标得分下降幅度比较大，2008～2014 年，上海市森林覆盖率常年最低，城镇登记失业率有时较高（如 2008 年、2009 年、2010 年、2013 年等），影响指标得分波动幅度最大。江苏省森林覆盖率较低，每万人医疗机构床位数较少，影响指标综合得分最低。长江经济带 11 个省市影响指标水平总体呈下降趋势，反映出在既定的生态环境状态下，经济发展及人类健康水平存在进一步上升的空间。

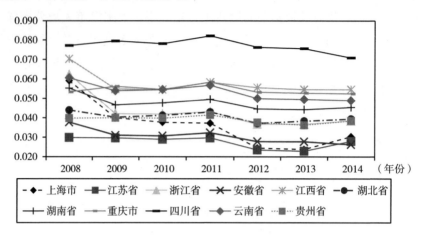

图2-5　2008～2014年长江经济带影响指标得分

（五）响应指标

由2008～2014年长江经济带11个省市响应指标得分（见图2-6）可知，江苏省响应指标得分常年最高，处于领先水平，但工业废弃物综合利用率有所下降，工业污染治理完成投资额有所提高，响应指标呈下降趋势；上海市、浙江省、安徽省、江西省、湖北省、湖南省、重庆市、四川省响应指标得分较高，上海市、江西省、湖北省、重庆市波动幅度比较

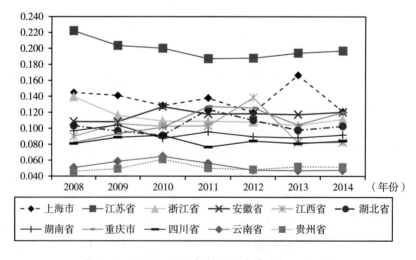

图2-6　2008～2014年长江经济带响应指标得分

大；云南省、贵州省城市污水日处理能力、R&D 经费占 GDP 比重、工业废弃物综合利用率等响应指标数值比较低，响应指标综合得分最低，变化幅度比较平稳。

三、不同区域之间评价结果对比分析

由表 2－3 可知，就生态文明建设综合情况而言，2008～2014 年七年间长江经济带下游地区（上海市、江苏省、浙江省、安徽省）状况最优，中游（江西省、湖北省、湖南省）其次，上游（重庆市、四川省、云南省、贵州省）最差。就驱动力指标而言，下游＞中游＞上游；就压力指标而言，下游＜中游＜上游；就状态指标而言，下游＜中游＜上游；就影响指标而言，下游＜中游＜上游；就响应指标而言，下游＞中游＞上游。结合统计年鉴数据可知，就下游地区而言，尤其是安徽省，在现有的环境压力下，需采取措施进一步改善环境资源状况，进一步改善因资源变化导致的经济发展水平弱化现状，提高居民医疗水平。就上游地区而言，当地总体经济发展水平比较滞后，环境资源承受的压力比较大，政府所采取的响应措施还有待改进。而中游地区各指标皆处于中间水平，因此各方面都有提升的空间。

表 2－3　　　　　长江经济带上游、中游、下游生态文明建设状况

指标	区域	2008 年	2009 年	2010 年	2011 年	2012 年	2013 年	2014 年
综合得分	下游均值	0.530	0.537	0.547	0.554	0.535	0.537	0.539
	中游均值	0.422	0.436	0.455	0.469	0.476	0.447	0.456
	上游均值	0.390	0.414	0.436	0.449	0.439	0.441	0.450
驱动力指标得分	下游均值	0.099	0.104	0.105	0.104	0.096	0.096	0.098
	中游均值	0.072	0.076	0.082	0.081	0.071	0.072	0.073
	上游均值	0.054	0.057	0.061	0.061	0.054	0.056	0.057
压力指标得分	下游均值	0.192	0.213	0.222	0.230	0.227	0.221	0.224
	中游均值	0.119	0.134	0.141	0.146	0.147	0.145	0.148
	上游均值	0.119	0.132	0.141	0.141	0.143	0.144	0.145

续表

指标	区域	2008 年	2009 年	2010 年	2011 年	2012 年	2013 年	2014 年
状态指标 得分	下游均值	0.038	0.041	0.044	0.047	0.050	0.048	0.049
	中游均值	0.078	0.077	0.091	0.085	0.100	0.096	0.097
	上游均值	0.094	0.095	0.098	0.110	0.112	0.116	0.119
影响指标 得分	下游均值	0.047	0.036	0.035	0.036	0.028	0.028	0.031
	中游均值	0.057	0.047	0.048	0.050	0.046	0.046	0.046
	上游均值	0.058	0.057	0.057	0.060	0.054	0.054	0.053
响应指标 得分	下游均值	0.154	0.142	0.141	0.138	0.134	0.145	0.137
	中游均值	0.097	0.102	0.094	0.107	0.113	0.089	0.092
	上游均值	0.065	0.072	0.080	0.078	0.076	0.071	0.076

第四节 结论与建议

一、结论

1. 长期以来，上海市生态文明建设水平最高，贵州省生态文明建设水平最低

通过对比可以得知，在长江经济带 11 个省市中，上海市的驱动力水平最高、生态环境面临的压力最小，生态文明建设综合得分最高；贵州省的驱动力水平最低、生态环境面临的压力最大，响应因子状况也不容乐观，总体而言，贵州省生态文明建设状况堪忧，急需进一步加强生态文明建设。

2. 长江经济带上游、中游、下游生态文明建设状况存在差异

从上中下游区域来看，下游生态文明建设状况最优，中游次之，比上游略好。长江下游的驱动力、压力、响应水平均优于上游与中游，其原因可能是长江下游经济比较发达，生态环境状况比较良好，政府所采取的调解政策比较有效等。从状态及影响因子方面看，系统所处的状态对经济的发展以及人类的健康产生的积极影响由上游到中、下游依次递减，反映长江经济带下游地区的绿化技术、就业水平等需进一步提高。

3. 安徽省需进一步加强生态文明建设

就下游地区而言，除响应因子外，安徽省的驱动力水平、压力水平、状态水平、影响水平均处于劣势地位；就长江经济带地区而言，除状态因子外，安徽省驱动力水平、压力水平、影响水平与总体平均水平相比均较差，这说明安徽省生态文明建设状况有待改进。

二、建　议

当前，长江经济带面临着长江上中下游、各省市经济发展阶段不同，而生态环境形势严峻的局面，应该在生态环境保护下发展经济，在发展中促进生态环境修复与保护，进行适当、有序、绿色发展，跨越"先污染后治理"老路子，迈出协调、绿色、可持续发展的新道路。

严格按照《长江流域综合规划》，统筹协调合理开发。要以生态承载能力和生态系统承受能力为基础，划定生态保护红线，实施生态保护与修复，全面落实水资源与水环境保护工作，切实维护好长江流域水生态环境。根据《长江流域综合规划》《长江经济带生态环境保护规划》，相关省市政府及部门编制长江经济带生态保护、产业发展等专项规划，强化生态约束，划定生态保护红线，坚持环境质量底线；加大生态投入，实施退耕还林等生态修复工程。

在开发中，落实生态环境保护。长江经济带要从更高层次的绿色发展统筹考虑开发，淘汰高污染、高能耗的小散乱工厂，实施绿化工程，在新项目建设与投产中，严格落实生态环保措施，减少环境破坏，保护好生态。对于有生态承载区域可发展，可结合自身优势，发展休闲旅游、农产品深加工、特色手工等生态产业。

不同省份、流域存在不同的优劣势，规划好产业布局，本着"严格保护上游、适度开发中游、合理开发下游"的指导思想，采用建立正面清单与负面清单方法，引导各区域发展有资源禀赋、有比较优势的产业。

各地政府要努力倡导"既要绿水青山，也要金山银山""绿水青山就是金山银山"的新理念，爱护生态环境，节约资源，顺应、尊重并保护自然，发挥比较优势发展经济，同时加大环保资金投入和科技教育经费的支出，转变经济发展方式，促进产业转型升级，走低碳循环可持续的绿色发展道路，更好地创建经济、政治、文化、社会、生态文明五位一体的和谐新社会。社会各界要积极响应政府号召，主动为经济发展、生态文明建设等社会主义事业贡献出自己的一分力量。

贵州省人均地区生产总值、居民人均可支配收入、城市污水日处理能力、工业废弃物综合利用率、每万人口普通高等学校平均在校学生数等效益型指标数值较小，人均煤炭消费量、单位生产总值能耗、洪涝灾害直接经济损失等成本型指标数值较大；长江下游地区生态文明建设状况较好，但安徽省明显存在不足之处，尤其是驱动力水平和资源环境所承受的压力。所以贵州省、安徽省需努力提高地方经济发展水平，在保持经济稳步发展的同时，兼顾对生态环境的保护，节约且高效地使用资源，走"资源节约型、环境友好型"的可持续发展道路，以获得长久健康发展的生命力。

第三章

长江经济带省域生态文明
建设综合评价

面对资源有限而欲望无穷、环境污染日益严重、生态系统退化的严峻形势，引导人们正确树立可持续发展观，建设生态文明显得尤为重要。本章采用层次分析法，从资源环境、经济发展、社会生活三个方面，构建"多系统一体"评价体系，通过层次分析法对长江经济带11个省市生态文明建设状况进行评价，进而对长江经济带省市生态文明发展水平进行动态分析，进一步通过 Theil 指数对其差异性进行分析，最后对长江经济带地区生态文明建设相对落后的省、市等提出政策性建议。

第一节　生态文明建设评价指标体系构建

一、研究方法及数据来源

1. 层次分析法

层次分析法将决策问题层次化，根据问题的性质以及要达到的目标，将问题分解为不同的组成因素，并按各因素之间的隶属关系和关联程度分组，形成一个不相交的层次。最高一层为目标层，这一层中只有一个元素，即该问题要达到的目标或理想的结果。中间层为准则层，层中的元素为实现目标所采用的措施、政策、准则等。准则层可以不止一层，根据问题规模的大小和复杂程度，分为准则层、子准则层等。最低一层为方案层，这一层包括实现目标可供选择的方案。

2. 数据来源

数据来源于 2009~2015 年的《中国统计年鉴》《中国能源统计年鉴》《中国环境统计年鉴》等，或根据这些年鉴数据经计算整理得到。

二、指标体系构建

党的十八大将生态文明建设放在突出位置，指出"建设生态文明，是关系人民福祉、关乎民族未来的长远大计"。2016 年 1 月 5 日，习近平主席在重庆召开推动长江经济带座谈会，强调长江经济带的发展必须坚持生态优先、绿色发展的战略定位。在可持续发展中，资源和环境不仅是经济发展的内生变量，而且是经济发展规模和速度的刚性约束。因此，本章在指标体系构建过程中充分考虑资源与环境因素，使得该评价体系可以综合反映长江经济带地区各省市资源环境、经济水平和社会生活之间的协调发展情况。具体如表 3-1 所示。

表 3-1　　　　　　　　　生态文明建设评价指标体系

目标层	准则层	决策层	指标属性	意义
生态文明建设评价指标体系	资源节约、环境友好 B1	人均公园绿地面积（平方米/人）B11	效益型	评价当地水资源、煤炭资源、森林资源等情况
		人均水资源量（立方米/人）B12	效益型	
		人均煤炭消费量（吨/人）B13	成本型	
		人均废水排放量（吨/人）B14	成本型	
		人均森林面积（平方米/人）B15	效益型	
		自然保护区占辖区面积比重（%）B16	效益型	
		森林覆盖率（%）B17	效益型	
	经济发展又好又快 B2	人均地区生产总值（元/人）不变价 B21	效益型	评价当地经济发展情况
		居民消费水平（元）B22	效益型	
		城镇化水平（%）B23	效益型	
		单位生产总值能耗 不变价（吨标准煤/万元）B24	成本型	

续表

目标层	准则层	决策层	指标属性	意义
生态文明建设评价指标体系	经济发展又好又快 B2	工业废弃物综合利用率（%）B25	效益型	评价当地经济发展情况
		城市居民家庭人均可支配收入（元）B26	效益型	
		农村居民家庭人均可支配收入（元）B27	效益型	
		第三产业占 GDP 的比重（%）B28	效益型	
	社会生活和谐有序 B3	每万人医疗机构床位数（张）B31	效益型	评价当地居民医疗、就业、住房、教育等社会生活情况
		城镇登记失业率（%）B32	成本型	
		人均城市建设用地面积（平方米/人）B33	效益型	
		城市污水日处理能力（万立方米）B34	效益型	
		生活垃圾无害化处理率（%）B35	效益型	
		每万元 GDP 工业固体废物产生量不变价（吨/万元）B36	成本型	
		每万人口普通高等学校平均在校学生数（人）B37	效益型	
		研究与发展实验（R&D）占 GDP 的比例（%）B38	效益型	

第二节　实证研究方法

一、数据处理

为保证数据的真实性、客观性，本章所选取的指标口径均与统计局统计标准口径相一致。生态文明建设指标共分为两类：成本型指标与效益型指标。成本型指标是指指标数值与评价结果负向，即指标数值越小，评价结果越好；效益型指标是指指标数值与评价结果同项，即指标数值越大，评价结果越好。由于不同指标间属性不同，计量单位也有所差异，为了便于分析比较，这里通过无量纲化，将矩阵的各元素均转化为效益型指标。成本型指标与效益型指标的标准化公式如公式（3－1）、公式（3－2）所示。

成本型指标：
$$r_{ij} = \frac{\min_j a_{ij}}{a_{ij}}$$
(3-1)

效益型指标：
$$r_{ij} = \frac{a_{ij}}{\max_j a_{ij}}$$
(3-2)

其中，$R = r_{ij}$ 为标准化后的指标数值，r_{ij} 为第 i 个指标对象在第 j 项指标下的标准化数值，该值介于 0 和 1 之间。a_{ij} 为原始数据，$\max_j a_{ij}$ 为第 j 项指标的最大值，$\min_j a_{ij}$ 为第 j 项指标的最小值。

二、指标权重确定

在指标体系的构建过程中，权重的确定方法分为主观赋权法、客观赋权法。但是就主观赋权法而言，由于各专家的立场、态度不同，打分情况也有所差异。为保证权重的客观性、公正性，本节采用熵值法进行赋权。熵值法比较客观，其得出的结果只与指标数值本身有关，几乎不受主观因素的影响。通过熵值法得出的指标权重结果如表 3-2 所示（结果保留四位小数）。

表 3-2   2008~2014 年各指标权重

指数	2008 年	2009 年	2010 年	2011 年	2012 年	2013 年	2014 年
B11	0.007	0.008	0.010	0.016	0.014	0.015	0.011
B12	0.080	0.067	0.087	0.078	0.102	0.104	0.088
B13	0.014	0.014	0.013	0.016	0.020	0.023	0.024
B14	0.056	0.059	0.060	0.037	0.034	0.032	0.029
B15	0.130	0.126	0.127	0.134	0.136	0.138	0.146
B16	0.062	0.079	0.077	0.081	0.082	0.083	0.075
B17	0.067	0.039	0.040	0.042	0.043	0.043	0.046
B21	0.083	0.087	0.082	0.080	0.077	0.075	0.076
B22	0.023	0.025	0.025	0.027	0.024	0.025	0.029
B23	0.019	0.020	0.019	0.017	0.016	0.015	0.014
B24	0.025	0.027	0.027	0.027	0.025	0.024	0.024
B25	0.018	0.019	0.014	0.015	0.014	0.018	0.015
B26	0.016	0.017	0.017	0.017	0.016	0.022	0.022

指数	2008 年	2009 年	2010 年	2011 年	2012 年	2013 年	2014 年
B27	0.053	0.059	0.055	0.053	0.052	0.047	0.048
B28	0.004	0.005	0.006	0.007	0.008	0.007	0.007
B31	0.028	0.027	0.024	0.021	0.002	0.002	0.003
B32	0.002	0.002	0.003	0.003	0.004	0.003	0.004
B33	0.024	0.026	0.025	0.027	0.032	0.032	0.031
B34	0.117	0.110	0.107	0.106	0.105	0.100	0.107
B35	0.006	0.006	0.005	0.006	0.002	0.001	0.000
B36	0.106	0.118	0.121	0.124	0.124	0.123	0.128
B37	0.021	0.020	0.016	0.015	0.013	0.012	0.010
B38	0.039	0.040	0.041	0.052	0.056	0.057	0.062

三、综合得分计算

根据标准化后的指标数值 r_{ij} 及 2008 ~ 2014 年的指标权重分配，计算各省市不同年份的生态文明建设综合指数 Z，即 $Z = \sum_{j=1}^{n} r_{ij} \times \omega_j$。$Z$ 值越大，表明生态文明建设水平越高；反之，Z 值越小，表明生态文明建设水平越低，需采取措施进一步改善生态文明建设状况。根据建立的生态文明建设评价指标体系，结合相对优属度矩阵评价方法，得出长江经济带 11 个省市 2008 ~ 2014 年生态文明建设得分情况。

第三节　实证结果分析

一、综合评价结果分析

由图 3 - 1 可知，总体而言，浙江省、江苏省生态文明建设状况最优，但该两省生态文明建设水平皆在 2010 年达到最优值，整体呈下降趋势。上海市、江西省、湖北省、湖南省、重庆市、四川省生态文明建设处于中间水平，不过，重庆市、湖北省、湖南省整体呈下降趋势。安徽省、贵州省生态文明建设水平整体呈上升趋势，但在长江经济带地区处于较差位置，无论是资源环境、经济发展还是社会生活，均存在较大的上升空间。

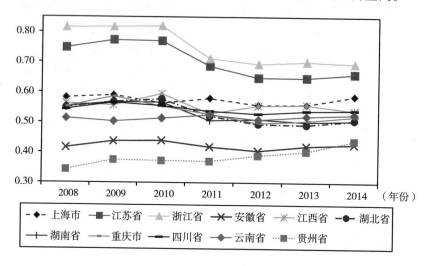

图 3 - 1　2008 ~ 2014 年长江经济带生态文明建设综合得分

二、准则层评价结果分析

1. 资源节约、环境友好

从资源环境指标评价结果（见图 3 - 2）来看，上海市评价结果常年最低；云南省总体评价结果较高，且逐年呈稳定上升趋势；浙江省资源环境水平在 2008 ~ 2010 年处于最高水平，但 2010 年后陡然下降，且整体呈下降趋势；四川省、安徽省资源环境水平整体较平稳，但安徽省存在较大的改善空间；贵州省资源环境水平整体呈上升趋势且进步明显；由图 3 - 2 可知，除浙江省外，江苏省、湖北省、湖南省、重庆市自 2010 年后呈现出较大的下降趋势；江西省资源环境水平波动幅度比较大。在得分最低的上海市中，其人均公园绿地面积、人均水资源量、人均森林面积、森林覆盖率等自然资源水平较低，但人均废水排放量较大。在 2010 年后下降幅度较大的省市中，2010 年浙江省人均水资源量为 2608.70 立方米/人，2011 年则下降至 1365.71 立方米/人；2010 年江苏省人均煤炭消费量、人均废水排放量分别为 2.94 吨/人、70.59 吨/人，2011 年分别上升至 3.46 吨/人、75.04 吨/人；2010 年湖北省人均水资源量是 2216.50 立方米/人，2011 年降至 1319.13 立方米/人，人均废水排放量则由 47.27 吨/人升至 50.90 吨/人；2010 年湖南省人均水资源量是 2938.70 立方米/人，2011 年降至 1711.93 立方米/人。

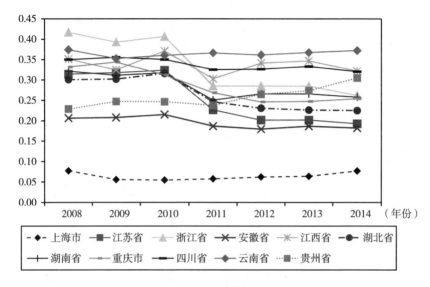

图 3 - 2　资源环境指标评价结果

2. 经济发展又好又快

从经济发展指标评价结果（见图 3 - 3）来看，各省市都比较稳定，变化幅度较小，不同省市间差异比较明显。不难看出，上海市经济发展水平最优，贵州省经济发展水平最差。相对于长江经济带经济发展平均水平而言，高于平均水平的省市依次是上海市、浙江省、江苏省、江西省；低于平均水平的省市依次是重庆市、湖北省、湖南省、安徽省、四川省、云南省、贵州省。在经济发展水平得分较高的省市中，上海市、浙江省、江苏省人均地区生产总值、居民消费水平、城镇化水平、工业废弃物综合利用率、居民家庭人均可支配收入、第三产业占 GDP 比重等效益型指标均名列前茅，而单位生产总值能耗等成本型指标值较低；在经济发展水平得分较低的省市中，贵州省人均地区生产总值、居民消费水平、城镇化水平、工业废弃物综合利用率、居民家庭人均可支配收入

（除第三产业占 GDP 比重外）等效益型指标值均最低，但单位生产总值能耗却是最高。

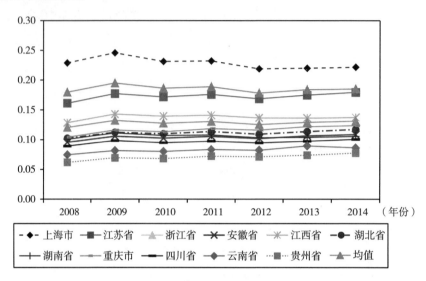

图 3－3　经济发展指标评价结果

3. 社会生活和谐有序

从社会生活指标评价结果（见图 3－4）来看，各省市社会生活水平差异一目了然，整体呈稳定上升趋势。其中，上海市、江苏省总水平不分伯仲，均处于领先位置，浙江省社会生活水平紧随其后；湖北省、湖南省、重庆市、安徽省、四川省社会生活水平较高；江西省、云南省、贵州省社会生活水平较差，尤其是贵州省，亟待改进。与长江经济带地区社会生活平均水平相比，高于平均水平的地区有上海市、江苏省、浙江省、湖北省；低于平均水平的省市有湖南省、重庆市、安徽省、四川省、江西省、云南省、贵州省。在社会生活水平较高的省市中，上海市每万人医疗机构床位数、人均城市建设用地面积、每万人口普通高等学校平均在校学生数、研究与发展实验（R&D）占 GDP 比例等效益型指标水平常年最高，每万元 GDP 工业固体废物产生量指标数值常年最低；江苏省城镇登记失业率、每万元 GDP 工业固体废物产生量等成本型指标数值常年较低，城市污水日处理能力远远高于其他省市水平，其他效益型指标水平常年较高；浙江省城镇登记失业率基本常年最低，效益型指标均处于较高水平。在社会生活水平较低的省市中，贵州省每万人医疗机构床位数、人均城市建设用地面积较少，城市污水日处理能力极弱，每万元 GDP 工业废物产生量较高，R&D 占比较低；云南省城镇登记失业率较高，城市污水日处理能力较弱，每万元 GDP 工业固体废物产生量较高，R&D 占比较低。

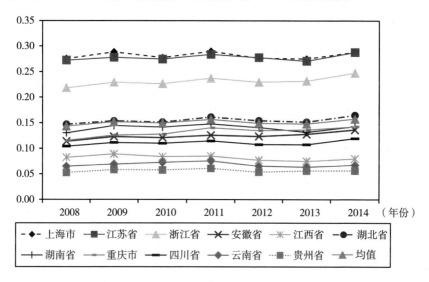

图 3 - 4　社会生活指标评价结果

三、分区域评价结果对比分析

长江经济带下游区域包括上海市、江苏省、浙江省、安徽省；中游区域包括江西省、湖北省、湖南省；上游区域包括重庆市、四川省、云南省、贵州省。由表 3 - 3 可知，长江经济带下游区域生态文明建设水平最优，中游其次，下游最差；上游区域资源环境水平整体最优，中游其次，下游最差；下游区域经济发展水平最优，中游其次，上游最差；下游区域社会生活水平远远高于中游及上游水平，而上游区域存在的改善空间最大。结合各区域不同现状，长江经济带下游地区应在保持经济常态发展、居民生活和谐的前提下，着重改善现有的资源环境现状；上游地区无论是经济发展，还是社会生活，均亟待改进；中游区域生态文明建设各指标差强人意，仍存在进一步提升的空间。

表 3 - 3   长江经济带上游、中游、下游生态文明建设状况

指标	区域	2008 年	2009 年	2010 年	2011 年	2012 年	2013 年	2014 年
综合得分	下游均值	0.64	0.65	0.65	0.60	0.58	0.58	0.59
	中游均值	0.55	0.56	0.58	0.52	0.52	0.52	0.52
	上游均值	0.49	0.51	0.50	0.49	0.48	0.49	0.51
B1	下游均值	0.25	0.24	0.25	0.19	0.18	0.18	0.18
	中游均值	0.32	0.31	0.33	0.27	0.28	0.28	0.27
	上游均值	0.32	0.32	0.32	0.30	0.30	0.31	0.31
B2	下游均值	0.17	0.18	0.17	0.18	0.17	0.17	0.17
	中游均值	0.11	0.12	0.12	0.12	0.12	0.12	0.12
	上游均值	0.08	0.09	0.09	0.09	0.09	0.10	0.10
B3	下游均值	0.22	0.23	0.22	0.23	0.23	0.23	0.24
	中游均值	0.12	0.13	0.13	0.13	0.12	0.12	0.13
	上游均值	0.08	0.09	0.09	0.10	0.09	0.09	0.10

第四节　长江经济带生态文明建设差异性分析

由长江经济带生态文明建设评价结果可知，2008～2014 年长江经济带地区生态文明建设水平存在明显的区域差异。客观有效测度长江经济带生态文明建设的区域差异有助于全面了解各区域经济发展与资源环境协调发展的客观现状。阅读相关文献可知，描述地区差异的统计指标众多，如标准差、变异系数、区位熵指数、Theil 指数等。根据研究内容，这里采用 Theil 指数全面分析长江经济带生态文明建设的区域差异。

一、Theil 系数

Theil 系数最先应用于收入差距研究领域，后来逐渐应用于地区差异研

究领域。Theil 系数具有可分解性，将总体差异分为组内差异与组间差异。Theil 系数基于信息量及熵概念考察差异性。假设总样本分为 k 组，Theil 系数定义为

$$T_i = \frac{1}{n_i} \sum_{j=1}^{n_i} \ln\left(\frac{\overline{I}_i}{I_{ij}}\right) \tag{3-3}$$

其中，T_i 表示第 i 组区域的 Theil 系数；n_i 表示第 i 组含 n_i 个地区；$\overline{I}_i$ 表示第 i 组指标 I 的均值；I_{ij} 表示第 i 组中 j 地区指标 I 的值。

根据 Theil 系数的可分解性，指标 I 的 Theil 系数可分解为

$$T = T_W + T_B = \sum_{i=1}^{k} \frac{n_i}{n} \cdot T_i + \sum_{i=1}^{k} \frac{n_i}{n}\ln\left(\frac{\overline{I}}{\overline{I}_i}\right) \tag{3-4}$$

其中，T 表示指标 I 总的区域差异，$T_W = \sum_{i=1}^{k} \frac{n_i}{n} \cdot T_i$ 表示组内（within group）指标 I 的差异，$T_B = \sum_{i=1}^{k} \frac{n_i}{n}\ln\left(\frac{\overline{I}}{\overline{I}_i}\right)$ 表示组间（between group）指标 I 的差异，$\overline{I}$ 是指标总样本 I 的平均值。

二、三大区域内部生态文明建设水平差异的 Theil 系数分析

由表 3-4 和图 3-5 可知，下游地区生态文明建设水平区域内差异大致呈逐年递减趋势，Theil 系数由 2008 年的最高值 0.032406 降至 2014 年的最低值 0.016886，可见由于经济发展、社会生活等方面溢出效应的影响，下游各省市的生态文明建设水平差异在逐渐缩小；中游地区差异水平虽然在三大区域间最小，但整体由增至减，并在 2013 年达到最大值 0.001576，可见中游区域生态文明建设水平差异极小，但仍需进一步加强管理，防止差距逐步拉大；上游地区 Theil 系数逐渐降低，由 2008 年的最高值 0.017572 降至 2014 年的最低值 0.010338，区域内各省市生态文明建设水平差异正逐渐缩小。

表 3 – 4 　　　　　　2008 ~ 2014 年长江经济带上游、中游、下游生态

文明建设水平的 Theil 系数

区域	2008 年	2009 年	2010 年	2011 年	2012 年	2013 年	2014 年	均值
下游 T1	0.032406	0.029453	0.030472	0.020787	0.020259	0.018053	0.016886	0.024045
中游 T2	0.000047	0.000042	0.000201	0.000165	0.001219	0.001576	0.000428	0.000525
上游 T3	0.017572	0.014574	0.012656	0.011278	0.006871	0.006126	0.003288	0.010338

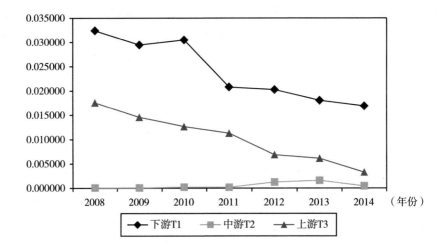

图 3 – 5 　长江经济带三大区域生态文明建设水平 Theil 系数变化趋势

　　整体来看，下游地区的 Theil 系数最大，2008 ~ 2014 年，其 Theil 系数平均值达到 0.024045，说明下游地区生态文明建设水平差异最大；其次是上游地区，均值为 0.010338；中游地区 Theil 系数最小，均值仅为 0.000525，说明中游地区的生态文明建设水平差异在三大区域间最小。

三、长江经济带生态文明建设水平组内差异和组间差异的 Theil 系数分析

　　根据 Theil 系数的可分解性，长江经济带生态文明建设的总体区域差异可以分解为三大区域间差异和三大区域内差异。表 3 – 5 和图 3 – 6 是 2008 ~ 2014 年长江经济带生态文明建设水平总体差异 T 以及三大区域内差异（T_W）和三大区域间差异（T_B）。

表 3 – 5　　　　　　　长江经济带生态文明建设水平组内差异与
组间差异的 Theil 系数及贡献率

指数年份	2008 年	2009 年	2010 年	2011 年	2012 年	2013 年	2014 年
T	0.0249	0.0220	0.0220	0.0156	0.0132	0.0119	0.0100
组内差异 T_W	0.0182	0.0160	0.0157	0.0117	0.0102	0.0092	0.0075
组间差异 T_B	0.0067	0.0059	0.0062	0.0039	0.0030	0.0027	0.0026
组内差异贡献率	0.7309	0.7299	0.7164	0.7519	0.7749	0.7723	0.7434
组间差异贡献率	0.2691	0.2701	0.2836	0.2481	0.2251	0.2277	0.2566

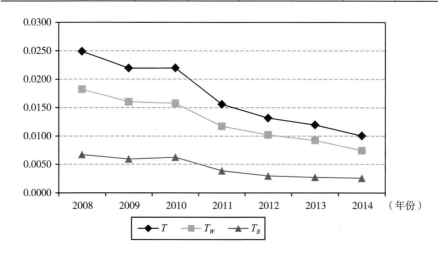

图 3 – 6　长江经济带生态文明建设水平组内差异与
组间差异 Theil 系数变化趋势图

由表 3 – 5 和图 3 – 6 可知，2008～2014 年，长江经济带地区生态文明建设水平的 Theil 系数一直呈现出下降趋势，Theil 系数由 2008 年的最大值 0.0249 下降到 2014 年的最小值 0.0100，表明长江经济带地区生态文明建设水平差异正逐渐缩小。

根据 Theil 系数的可分解性，将其分解为组内差异与组间差异。由表 3 – 5 和图 3 – 6 可知，除 2010 年组间差异 T_B 稍有上升外，其他年份长江经济带地区的组内差异、组间差异均呈下降趋势，与长江经济带地区的 Theil 系数变化趋势一致，这表明无论是组内差异，还是组间差异，其差异性都在逐渐减弱。从贡献率来看，2008～2014 年，长江经济带生态文明建设水平组内差异贡献率明显高于组间差异贡献率，组内差异贡献率是组间差异贡献率的 2 倍以上。组内差异贡献率与组间差异贡献率之间的差距由增至减，2012 年，组内差异贡献率高达 77.49%，组间差异贡献率低至 22.51%。总体来看，长江经济带地区生态文明建设水平处于集聚态势。

第五节　结论与建议

一、结论

长江经济带生态文明建设评价的根本目的在于通过综合评价、横向对比分析、纵向对比分析、不同区域间对比分析等，把握长江经济带生态文明建设的总体水平，了解其发展趋势及区域间差异，发现自身优势、劣势等，为相关部门制定政策提供相关理论依据。根据生态文明建设的内涵，本章从资源环境、经济发展、社会生活三大方面建立评价指标体系，利用层次分析法、熵值赋权法、Theil 指数等对 2008~2014 年长江经济带地区 11 个省市生态文明建设水平进行评价。根据评价结果，得出以下结论：

第一，长江经济带三大区域生态文明建设水平存在明显差异，其中下游地区（上海市、江苏省、浙江省、安徽省）生态文明建设综合水平最优；中游（江西省、湖北省、湖南省）其次；上游（重庆市、四川省、云南省、贵州省）最差。就下游地区而言，根据现有的指标体系，浙江省、江苏省较其他 9 个省市生态文明建设综合水平最高；上海市较其他 9 个省市经济发展水平最高，但资源环境状况方面相对落后，这是由于上海市经济、金融等中心，人口密度很大，而土地面积有限，应该进一步提高绿化率、节能减排，将会进一步提高其生态文明建设综合水平；至于安徽省，无论是就下游地区而言，还是放眼整个长江经济带地区，其生态文明建设综合水平均不容乐观。就中游地区而言，江西省生态文明建设水平最优，但其经济发展及社会生活指标存在进一步上升的空间。就上游地区而言，云南省、贵州省生态文明建设综合水平堪忧，其经济发展、社会生活亟待改进。

第二，长江经济带生态文明建设水平 Theil 系数逐年下降，表明其区域差异逐年降低。在三大区域中，下游地区生态文明建设水平区域差异最大，其次是上游地区，中游地区区域差异最小；上游、下游生态文明建设水平区域差异逐年递减，而中游地区则呈现出上升趋势。长江经济带地区生态文明建设水平差异总体呈下降趋势，三大区域内生态文明差异在总差异的贡献率大于三大区域间生态文明差异贡献率。生态文明建设区域差异呈下降态势，为长江经济带绿色协调发展创造有利条件。

二、政策性建议

基于以上分析，可以发现长江经济带生态文明建设水平存在较大上升空间，提出如下建议：

第一，建立健全生态文明建设制度，着重考察、提高资源环境利用水平、生态治理与保护及社会生活质量等方面，严守资源利用上线、生态保护红线、环境质量底线；强化生态文明建设责任考核制度，将生态文明建设水平作为政绩考核的重要标准之一，对浪费社会资源、破坏生态系统的行为加大责任追究、惩罚力度；大力推进生态环保科技创新体系建设，支撑促进环境保护与修复；加强长江经济带上中下游绿色协调发展，建立健全长江经济带协同保护机制，齐抓共管，确保生态功能不退化、环境安全不失控，将长江经济带打造成一条生态长廊和生态文明先行示范带。

第二，上海市生态文明建设综合水平最优，但资源环境状况表现差强人意。因此，上海市有必要加强生态文明意识，紧密结合上海实际，强化坚持节约资源和保护环境措施，大力推进绿色发展、循环发展、低碳发展，弘扬生态文化，倡导绿色生活。

第三，贵州省处于长江经济带上游地区，资源环境状况良好，但经济发展、社会生活水平均处于落后位置。因此，贵州省有必要在保持现有的资源环境水平下，引进人才，引进产业，以提高当地经济发展水平，改善居民社会生活质量。

第四，安徽省处于生态文明建设状况最优的下游地区，但其生态文明建设水平却不容乐观。无论是资源环境、经济发展还是社会生活，均存在较大改进的空间。因此，安徽省亟须实施重大生态修复工程，加强长江流域防护林体系建设，强化水土流失治理，保护水土资源，修复退化生态系统，严格控制污染物排放量；实施主体功能区战略，推进绿色城镇化、加快美丽乡村建设；构建节约环保的产业结构，以改善社会生活水平及经济发展状况。

第五，长江经济带积极宣传生态优先、绿色发展的可持续发展理念，倡导绿色发展的氛围，人人养成绿色消费、绿色出行等新风俗、新习惯，形成生态文明新风尚。

第四章

长江经济带省域生态效率评价研究

生态效率是用来反映经济与资源环境发展协调程度的指标，也是反映生态文明建设基础方面状况的指标，对长江经济带生态文明建设至关重要。本章将对长江经济带生态效率测度评价，并对比分析上中下游三大流域的生态效率差异性，再基于协调发展角度，进一步研究其生态效率的收敛性。最后，根据实证结果，就长江经济带生态协调发展提出政策性建议。

第一节　生态效率的概念及其测度

1990 年德国的两位学者施安蒂格（Schaltegger）和斯特姆（Sturm）首次提出了生态效率的概念，将投入后增加的价值与增加的环境影响的比值作为生态效率衡量指标，该指标将经济效率与环境效益相结合，这为日后学界对生态效率研究奠定了基础。随后，在 1992 年的里约地球峰会上世界可持续发展委员会（WBCSD，1996）提出了生态效率定义，即通过提供具有价格优势的服务和商品，在满足人类高质量生活需求的同时，将整个生命周期中对环境的影响降到至少与地球的估计承载力一致的水平上，其本质就是将环境影响程度降至最低，而使价值收益达到最大。其定义为：

$$生态效率 = \frac{产品或服务的价值}{环境负荷}$$

评价以一个单位的环境负荷为代价，能够创造出多少价值，该数值越大，生态效率越高。1998 年，经济合作与发展组织（Organization for Economic Cooperation and Development，OECD）将生态效率概念进一步拓展应用到政府、工业企业以及其他组织，提出一个内涵相同但更为简洁的广义生态效率概念：生态效率是人类使用生态资源以满足需求的效率，可以一种产出/投入的比值衡量，其中"产出"指企业、行业或整个经济体提供的产品与服务的价值，"投入"指企业、行业或经济体给环境造成的压力。给出表达式如下：

$$生态效率 = \frac{产品的经济价值}{产品所形成的资源消耗和环境影响} \qquad (4-1)$$

欧洲环境署（European Environment Agency，EEA）进一步发展了生态经济效率的定量方法，采用"生态紧张度"与"资源产出率"等指标。"生态紧张度"指标表示每单位产出的生态投入，即：

$$生态紧张度 = \frac{生态投入}{经济指标}$$

而"资源产出率"指标表示每单位生态投入的经济绩效，即：

$$资源产出率 = \frac{经济指标}{生态投入}$$

总的来说，生态效率追求资源利用、工业投资和科技发展等的最大化，能源消耗，污染排放的最小化。

目前文献研究生态效率常用的评价方法分为三类：单一比值法、综合指标体系法、数据包络分析法（data envelopment analysis，DEA）。其中，单一比值法能直观反映经济产出效益以及其带来的环境影响，便于单个非连续对象，特别是对单个项目和技术的探讨，其缺点是不能有效地区分不同环境对生态效率的影响，也不能反映出复杂现象的多种因素协调发展程度。综合指标体系法则适用于复杂的研究对象生态效率评价分析，它能综合反映复杂的对象生态多维度（如经济、社会、自然等）的综合发展水平和协调发展程度。但是往往评价指标体系在不同情况下表现不同，由于体系不统一，评价结果不便于比较；此外评价方法权重主观确定，造成该方法也存在一定的弊端。采用 DEA 方法计算生态效率时，研究对象（决策单元）一般是同类的多个区域或者同行业的多个企业，先将决策单元的环境指标及经济指标划分为投入、产出两类，按照产出最大化、投入最小化的原则，再采用数学规划模型来计算出决策单元的相对效率，即为其生态效率。在需要处理的产出指标中含有污染物时，则利用方向性距离函数可以将其最小化，此时的输出则称为非期望输出（undesirable output）。一般通过函数变换和模型修正来解决非期望输出的问题。在给环境指标赋权时，由于 DEA 方法采用统计学方法自动赋权，摒弃了传统主观的赋权方法，它能有效地减小采用主观赋权方法所带来的影响，因此被现代学者所广泛采用。

法尔（Färe，1989）正式提出评价生态效率的 DEA 模型，随后，有关 DEA 应用于生态效率评价问题的研究成果大量地出现了。利用 DEA 对生态效率评价的研究有很多，大体上可以分为四种类型。第一类是基于超效率 DEA 模型的生态效率研究，如郭露和徐诗倩（2016）以研究中部六省近 11 年的工业生态效率，运用超效率 DEA 方法进行测度，接下来采用 Malmquist 指数对工业生态效率进行动态对比和分解，最后利用 Tobit 模型对影响工业生态效率的因素进行分析；陈真玲（2016）采用超效率 DEA 的方法，对中国 2003～2012 年 30 个区域的面板数据进行生态效率评估，在于探究区域生态效率的变动趋势和时空特征，进而从技术进步水平和技术效率水平考察影响区域生态效率变动的因素；任海军和姚银环（2016）运用包含非期望产出的 SBM 超效率模型，对中国 30 个省份 2003～2012 年的生态效率进行测算，从而比较高、低资源依赖度地区生态效率的差异。第二类是基于三阶段 DEA 模型的生态效率评价，如吴振华等（2016）采用三阶段 DEA 与 Bootstrap-DEA 方法对苏浙沪地区 25 个城市在 2009～2012 年的城市建设用地生态效率进行实证分析，该方法将外部环境因素、随机误差、样本敏感性及生产前沿面完全效率状态的影响进行剥离；赵爽和刘红（2016）利用三阶段 DEA 模型测度 2014 年我国 30 个省份工业企业生态效率，该方法消除了环境变量和随机误差对生态效率的影响。第三类是基于网络 DEA 的生态效率评价，如杨佳伟和王美强（2017）从工业生产和环境保护两阶段视角，构建包含非期望中间产出的中国省际生态效率评价指标体系，运用网络 DEA 模型对我国 30 个省份 2009～2014 年的生态效率进行分析；张煊等（2014）从系统论的视角出发，将生态经济系统划分为生态、社会和经济三个子系统，构建基于矩阵型结构的网络 DEA 模型对生态经济效率进行评价。第四类是基于共同前沿（Meta-frontier）的生态效率评价，刘丙泉等（2016）首先构建中国区域生态效率评价指标体系，接下来构建共同前沿模型，提出评估区域生态效率差异的定量方法，对中国 2002 ~ 2013 年 30 个省份生态效率进行测度分析；汪克亮等（2015）在区域技术异质性框架下，将方向性距离函数与共同前沿方法相结合，对 2004 ~ 2012 年我国各省份生态效率进行评价，进一步对省域生态效率的地区差异性与演变特征进行分析，再对区域间节能减排技术差距比较衡量，最后对生态无效率进行分解分析。

数据包络分析法具有较高的灵敏度，避免人为赋权的主观因素影响，能够对无法价格化及难以取权重的指标进行分析，并且测度指标的单位不需要统一，在进行效率评价时，数据包络分析法不需要建立生产函数，对于技术无效率的分布形式也不需要进行具体设定，对具有相同类型的多投入、多产出的评价对象进行综合评价具有较大优势。评价生态效率的目的在于找出改善生态效率的有效途径，从生态效率的定义来看，即以更少的自然资源获取更多的效益，同时尽量减少非期望产出，本章将纳入非期望产出方向距离函数的 Malmquist-Luenberger 指数与超效率 DEA 模型相结合，合理的生态效率评价测度模型，对长江经济带省域、总体以及上中下游的生态效率进行评价。

第二节　模型、指标体系与数据选取

一、ML 指数的超效率 DEA 模型

1993 年安德生（Andersen P. ）等提出了超效率 DEA 模型，该模型能够对有效 DMU 的有效程度做出进一步区分，即对多个效率值为 1 的 DMU 进行排序，其核心思想是将被评价 DMU 从参考集中剔除，也就是说，被评价 DMU 的效率是在参考其他 DMU 构成的前沿基础上得出的，通过该模型得到的有效 DMU 的超效率值一般会大于 1，这就使各 DMU 单元间的进

一步比较成为可能。超效率模型数学表达如公式（4-2）所示。

$$\min\left[\theta - \varepsilon\left(\sum_{i=1}^{m} s_i^- + \sum_{r=1}^{i} s_i^+\right)\right]$$

$$\text{s. t.}\begin{cases} \sum_{\substack{j=1 \\ j \neq k}}^{n} X_{ij}\lambda_j + s_i^- \leqslant \theta X_0 \\ \sum_{\substack{j=1 \\ j \neq k}}^{n} Y_j\lambda_j - s_r^+ = Y_0 \\ \lambda_j \geqslant 0, j = 1,2,\cdots,n, s_r^+ \geqslant 0, s_r^- \geqslant 0 \end{cases} \quad (4-2)$$

对生产过程进行模型化处理，有必要引入方向性距离函数（DDF），DDF 与一般采用的谢泼特（Shephard）距离函数定义的方向向量 $g = (g_y, g_u)$ 不同，DDF 的方向向量定义为 $g = (g_y, -g_u)$，对非期望产出取负值，这将保证测算过程中能够进行双向优化调整，在增加期望产出的同时，保证其也能减少非期望产出。给出方向性距离函数的定义式如下：

$$\vec{D}_0(x,y,u;g_y,-g_u) = \sup\{\beta : (y + \beta g_y, u - \beta g_u) \in P(x)\} \quad (4-3)$$

其中，$\beta \geqslant 0$，其表示产出组合 (y,u) 按照向量 g 能够同时扩大和缩小的最大比例。

Malmquist-Luenberger 生产率指数（简称 ML 指数）以环境技术可行性集合和方向性距离函数理论为基础，构造 ML 指数的线性规划方程组求解公式如下：

$$\vec{D}_0^t(x_k^t, y_k^t, u_k^t; y_k^t, -u_k^t) = \max\beta$$

$$\text{s. t.}\begin{cases} \sum_{k=1}^{K} z_k^t y_{km}^t \geqslant (1+\beta)y_{km}^t, m = 1,\cdots,M \\ \sum_{k=1}^{K} z_k^t u_{ki}^t = (1-\beta)u_{ki}^t, i = 1,\cdots,I \\ \sum_{k=1}^{K} z_k^t x_{kn}^t \leqslant x_{kn}^t, n = 1,\cdots,N; z_k^t \geqslant 0, k = 1,\cdots,K \end{cases} \quad (4-4)$$

其中，y_k^t 为期望产出；u_k^t 为非期望产出；z_k^t 为密度变量，即每个横截面观测值的权重，其反映生产技术的规模报酬情况。

基于上述方向性距离函数的线性规划方程组，定义环境约束下从第

t 期到第 $t+1$ 期的生态效率指数为：

$$\mathrm{ML}_0^{t,t+1} = \sqrt{\frac{1+\vec{D}_0^t(x^t,y^t,u^t;y^t,-u^t)}{1+\vec{D}_0^t(x^{t+1},y^{t+1},u^{t+1};y^{t+1},-u^{t+1})} \times \frac{1+\vec{D}_0^{t+1}(x^t,y^t,u^t;y^t,-u^t)}{1+\vec{D}_0^{t+1}(x^{t+1},y^{t+1},u^{t+1};y^{t+1},-u^{t+1})}}$$

$$(4-5)$$

ML 指数可以进一步分解为技术进步指数（TC）和效率变动指数（EC）两部分，分解公式如下：

$$\mathrm{ML}_0^{t,t+1} = \mathrm{TC}_0^{t,t+1} \times \mathrm{EC}_0^{t,t+1}$$

$$\mathrm{TC}_0^{t,t+1} = \sqrt{\frac{1+\vec{D}_0^{t+1}(x^t,y^t,u^t;y^t,-u^t)}{1+\vec{D}_0^t(x^t,y^t,u^t;y^t,-u^t)} \times \frac{1+\vec{D}_0^{t+1}(x^{t+1},y^{t+1},u^{t+1};y^{t+1},-u^{t+1})}{1+\vec{D}_0^t(x^{t+1},y^{t+1},u^{t+1};y^{t+1},-u^{t+1})}}$$

$$\mathrm{EC}_0^{t,t+1} = \frac{1+\vec{D}_0^t(x^t,y^t,u^t;y^t,-u^t)}{1+\vec{D}_0^{t+1}(x^{t+1},y^{t+1},u^{t+1};y^{t+1},-u^{t+1})} \qquad (4-6)$$

其中，$\mathrm{TC}_0^{t,t+1}$ 指数衡量相邻两时期环境生产前沿面的位移；$\mathrm{EC}_0^{t,t+1}$ 指数测算技术落后区域在第 t 时期到第 $t+1$ 时期之间追赶技术先进区域的生产可能性前沿的水平。如果 $\mathrm{ML}_0^{t,t+1}$，$\mathrm{TC}_0^{t,t+1}$，$\mathrm{EC}_0^{t,t+1}$ 三者数值大于 1，则分别表示生态效率水平的提高、技术进步和技术效率改善；反之，如果三个指标数值小于 1，则说明生态效率水平下降、技术退步和技术效率恶化。

二、生态效率 σ 收敛和绝对 β 收敛和条件 β 收敛

20 世纪 90 年代末期，巴罗（Barro）提出了经济增长的收敛性理论，认为在经济发展过程中可能会存在此种现象：随着时间的推移，不同发达程度的地区之间的经济增长速度的差距会越来越小，因为较发达地区资本投入更多，而资本存在规模报酬递减的规律，最终两类地区的增长速度差距将会减小。最初的收敛性理论主要被用来研究经济增长的问题，而现在对该理论的使用已经扩展到对生态效率增长的问题研究。现有的文献中，常用三种收敛性对生态效率的敛散性进行分析，分别是 σ 收敛、绝对 β 收敛和条件 β 收敛。

生态效率 σ 收敛反映各区域生态效率的敛散程度，是通过各区域的生

态效率增长水平的标准差或者变异系数随着时间推移是否变小来判断其是否收敛，如果标准差或者变异系数降低则表示存在 σ 收敛。σ 收敛可以由下式表示：

$$\sigma_i = \left\{ N^{-1} \sum_{i=1}^{N} \left[I_i(t) - \left(N^{-1} \sum_{i=1}^{N} I_i(t) \right) \right]^2 \right\}^{1/2} \qquad (4-7)$$

其中，$I_i(t)$ 为第 i 个评价区域在第 t 年的生态效率评价值；N 为评价区域的数目。

生态效率绝对 β 收敛是指随着时间的推移，生态效率水平较低的区域对生态效率水平较高区域存在"追赶"的趋势，最终各区域的生态效率呈现趋同状态，区域之间不再存在经济增长的差距，达到一个相同的稳定值。根据萨拉伊－马丁（Sala-I-Martin，1995）的研究，绝对 β 收敛可以表示为如下形式：

$$\ln(I_{i,t+T}/I_{i,t})/T = a + b\ln(I_{i,t}) + \mu_{i,t} \qquad (4-8)$$

其中，$I_{i,t}$ 和 $I_{i,t+T}$ 分别表示第 i 个区域第 t 期即基期和第 $t+T$ 期的生态效率评价值；$\ln(I_{i,i+T}/I_{i,t})/T$ 表示第 i 个区域从第 t 期到第 $t+T$ 期的年均生态效率增长率；a 为常数项；b 为基期生态效率的系数；$\mu_{i,t}$ 为随机误差项。若 b 为负，则存在绝对 β 收敛；反之，则不存在。为了最大效用的利用样本数据，并且使得计量回归的时间序列表现出连续性，本章令 $T=1$。

条件 β 收敛认为由于不同区域具有各自的特征和发展环境，因此不同区域有其自身的稳态水平，也就是说每个区域都向着各自的稳态水平发展，但是其趋近的是自身的水平而不是整体水平，在区域之间还是会存在差距。根据萨拉伊－马丁（1996）的研究，给出生态效率的条件 β 收敛检验方程如下：

$$\ln(I_{i,t+T}/I_{i,t})/T = a + b\ln(I_{i,t}) + \sum_{j=1}^{n} \lambda_j x_{i,t}^j + \mu_{i,t} \qquad (4-9)$$

式（4-9）中，$I_{i,t}$ 和 $I_{i,t+T}$ 分别表示第 i 个区域第 t 期和第 $t+T$ 期的生态效率值；$\ln(I_{i,t+T}/I_{i,t})/T$ 表示从第 t 期和第 $t+T$ 期生态效率的年平均增长率；a 为常数项；b 为基期生态效率值的系数；$x_{i,t}^j$ 表示控制变量，其含义表示第 i 个区域和第 j 个区域间存在的差异，λ_j 表示第 j 个控制变量的系数。同样如上面绝对 β 收敛所述，令 $T=1$。

三、生态效率评价指标体系的构建及数据来源

1. 指标体系构建

在对生态效率指标体系进行构建的国外研究中，最具代表性的是德国环境经济账户（2002）。国内学者邱寿丰（2008）、黄和平（2010）等在此基础上也构建了生态效率指标，如表4-1所示。

表4-1　　　　　　　　国内外生态效率评价指标体系构建

评价对象	产出指标	生态指标投入	
		资源投入	环境投入
德国	GDP	土地 能源 水 原材料 劳动力 资本	温室气体 酸性气体
中国	GDP	土地 能源 水 原材料 劳动力	废气排放 废水排放 废固排放
江西省	GDP	能源 用水 建设用地	COD排放 二氧化硫排放 工业固体排放

在参考借鉴上述生态效率评价指标体系的构建的基础上，结合OECD对生态效率的定义式（4-1）的前提下，本章从协调发展的角度出发，从经济、资源和环境三个方面构建出符合长江经济带生态效率发展的评价指标体系。根据长江经济带11个省市相关数据的可获得性和全面性，以2004~2015年为研究期间，将数据分为投入指标和产出指标，如表4-2所示。

表 4 – 2　　　　　　　　长江经济带生态效率评价指标体系

指标类型	指标类别	指标名称	指标代码	指标单位
投入指标	自然资源类指标	能源消费总量	R_1	万吨标准煤
		用水总量	R_2	亿立平方米
		建设用地面积	R_3	万公顷
产出指标	环境污染类指标	烟粉尘排放总量	E_1	吨
		二氧化硫排放总量	E_2	万吨
		废水排放总量	E_3	万吨
	经济类指标	地区 GDP	G	亿元

（1）投入指标。生态效率是经济、资源和环境三方面的综合反映。资源可以分为自然资源和社会资源，依据生态效率的概念，本章认为仅纳入自然资源对生态效率进行衡量更加符合生态效率的内涵，因此选取的自然资源分为三类，分别用与人类经济活动密切相关的能源、水和土地来衡量自然资源消耗。具体指标如下：用能源消费总量来衡量能源投入；用全社会用水量表征水资源投入；用建设用地面积表征土地资源投入。

（2）产出指标。产出指标分为期望产出和非期望产出两种类型，本章期望产出使用各省市地区生产总值，即地区 GDP 表示，为消除价格因素影响，以 2004 年为基年进行平减；对于非期望产出的选取，由于大气污染和水污染已经成为全社会关注的焦点，选取引起 PM2.5 重要原因的烟粉尘排放总量和二氧化硫排放总量作为表征大气污染的代理变量；选取废水排放总量对水污染进行表征。

2. 数据来源及说明

在进行生态效率的条件 β 收敛分析时，需要考察不同控制变量是否是促成长江经济带生态效率形成条件 β 收敛的因素，本章选取如下四个因素进行考察，具体选取如下：（1）经济发展速度，本章使用地区生产总值增长率表示，符号表示为 GDPR；（2）产业结构，分别对第二产业和第三产业占 GDP 的比重赋予一定的权重，即用产业结构水平＝第二产业占比×0.4＋第三产业占比×0.6 来表示产业结构水平，符号表示为 IS；（3）能源消费结构，选取煤炭消费量占能源消费总量的份额作为能源消费结构的变量，符号表示为 ECS；（4）人力资源，将文盲、小学、初中、高中和大专以上受教育时间分别设为 0 年、6 年、9 年、12 年和 16 年，利用人均受教育年限 = (6 岁及 6 岁以上人口中) 小学文化程度人数占比 ×6 + 初中文化程度人数占比 ×9 + 高中文化程度人数占比 ×12 + 大专以上文化程度占比 ×16 进行计算获得，符号表示为 LR。

数据均来源于长江经济带 11 个省市 2005 ~ 2016 年的《中国统计年鉴》《中国环境统计年鉴》《中国能源统计年鉴》和《中国国土资源统计年鉴》。

第三节　长江经济带生态效率评价及收敛性分析

一、生态效率评价结果分析

根据上节所阐释的方法与评价指标体系，这里使用 MaxDEA6.0 软件测算长江经济带生态效率，结果如表 4 – 3、图 4 – 1 所示。

表 4 – 3 显示，长江经济带生态效率水平三大流域差异显著。长江经济带总体上生态效率平均水平为 1.1581，其中，上游生态效率最高，平均值为 1.2289，高于整体平均水平，领先于中、下游区域。下游的生态效率平均水平为 1.1522，高于中游的 1.0932。可以看出，上中下游流域生态效率值分布不够均衡协调，中游生态效率水平凹陷。

从省际的视角来看，各省份生态效率表现各不相同。云南省的生态效率在研究期间具有最大的增长率，年平均生态效率提高 62.19%，从技术效率和技术进步的分解来看，其主要原因在于技术进步的贡献，技术进步的增长率达到 49.3%，技术效率的增长率仅 8.6%。这主要在于云南接壤东南亚的得天独厚的地理位置，相对于周边国家，云南业已形成冶金、化工、先进制造业等较先进的产业体系；同时其具有良好的自然资源禀赋和旅游资源，而技术效率低下可能与其市场化程度和对外开放程度较低，产业升级缓慢以及政府投入资金有限等有关，因此云南需要加大改革开放力度，加大政府资金的投资力度，提高生态管理水平。江苏省的生态效率年均增长率达 26.5，在下游区域四个省市处于领先地位，主要得益于技术进

表 4 - 3　2004～2015 年长江经济带生态效率 ML 指数

地区	2004～2005 年	2005～2006 年	2006～2007 年	2007～2008 年	2008～2009 年	2009～2010 年	2010～2011 年	2011～2012 年	2012～2013 年	2013～2014 年	2014～2015 年	几何均值	排名
贵州省	1.3601	1.0261	1.2649	1.1397	1.1028	1.0811	1.2175	1.1847	1.0105	1.3535	1.0692	1.1588	3
四川省	1.1058	1.0839	1.0985	1.0829	1.1170	1.0676	1.0183	0.9467	0.9276	0.9483	0.9490	1.0289	10
云南省	4.8874	1.9685	1.1238	3.8849	2.0840	1.6717	0.9462	1.1224	1.0734	1.0629	1.1525	1.6219	1
重庆市	1.4398	1.0319	0.9443	1.1071	1.0533	1.0942	0.9805	1.2216	1.1634	1.1294	1.0728	1.1058	6
上游平均	2.1983	1.2776	1.1079	1.8037	1.3393	1.2287	1.0406	1.1189	1.0437	1.1235	1.0609	1.2289	(1)
江西省	1.1512	1.1225	0.9329	0.9768	1.0584	1.0674	1.1113	0.7938	0.8057	1.1147	1.1080	1.0142	11
湖北省	1.1236	1.1345	1.1113	1.1024	1.1106	1.1258	1.1108	1.1006	1.0724	1.0568	0.9969	1.0846	9
湖南省	1.1001	1.1158	1.1053	1.0926	1.1017	1.1111	1.0834	1.0996	1.0724	1.0568	0.99	1.0937	8
中游平均	1.1250	1.1243	1.0498	1.0573	1.0902	1.1014	1.1018	0.9980	0.9835	1.0761	1.0316	1.0932	(3)
江苏省	0.5652	1.2525	1.2414	1.3413	1.6537	1.2830	0.9500	1.3142	1.3514	1.4804	2.1165	1.2645	2
浙江省	0.9979	1.0306	1.0504	1.0834	1.0016	1.0216	1.1446	1.1671	1.3099	1.0255	1.5849	1.1276	4
上海市	1.7798	1.0810	1.1115	1.0767	1.0692	1.0337	0.8807	1.1496	1.0597	0.9991	1.0576	1.1011	7
安徽省	1.2064	1.1347	1.1288	1.0376	1.1182	1.0969	1.1867	1.1087	1.0961	1.0944	1.0877	1.1154	5
下游平均	1.1373	1.1247	1.1348	1.3319	1.2357	1.1088	1.0405	1.1849	1.2043	1.1499	1.4617	1.1522	(2)
区域平均	1.4869	1.1755	1.0955	1.3319	1.2217	1.1463	1.0610	1.1006	1.0772	1.1165	1.1847	1.1581	

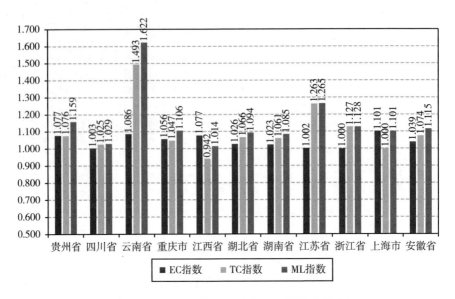

图 4-1　长江经济带 11 个省市 ML 指数及其分解

步的贡献，其技术进步指数为 1.263，增幅达 26.3%。浙江省的生态效率增长率也处在长江经济带 11 省市的第四名，年均增长率为 12.8。下游各省市改革开放较早，经济发展较好，已经拥有相对先进的技术和较为丰富的管理经验，能够吸引外来投资和引进更多人才，这有利于促进生态效率的提高。研究发现，中游生态效率增加程度较小，仅提高 9.32%，低于整体生态效率增长的平均水平。这可能是由于所处的地理位置较为封闭，经济发展水平相对落后，因此难以在技术进步上得到有力的资金支持，容易出现"能耗大、效益差、污染高"的状况。值得关注的是，上海市生态效率水平增长率仅 10.11%，处于长江经济带 11 个省市的中后位置，上海地区市场化程度和对外开放程度很高，政府投入资金也较大，但依然没有较高的生态效率增长率，从生态效率指数的分解项来看，技术进步平均增长几乎为 0。因此需要引起高度关注，应该改善技术进步的政策环境，加快技术创新的脚步。

二、长江经济带生态效率差异的收敛性分析

根据上述分析发现，长江经济带生态效率状况表现出一定的差异性，

可将 11 个省市分成生态效率先进和落后两种地区，其中，云南省、江苏省、贵州省、浙江省、安徽省、重庆市和上海市属于生态效率先进的地区，其他省市则属于生态效率落后的地区。长江经济带东中西区域协调发展也是重要的目标之一，因此需要对区域间生态效率的差异性进行合理有效的测度，这将有利于更加全面地研究长江经济带经济和资源环境协调发展。本节先通过测算省际与区域生态效率变异系数（c）来衡量长江经济带生态效率地区间差异性，再分别通过 σ 收敛和绝对 β 收敛和条件 β 收敛三个收敛性对生态效率差异的变动趋势进行深入分析，这将有利于判断长江经济带生态效率的区域差异性究竟是趋向扩大还是缩小？为研究长江经济带生态效率差异性提供崭新的视角。

表 4 - 4 显示的是，分别从省际和上中下游区域测算长江经济带生态效率的变异系数。省际生态效率 c 均值为 0.2666，而上中下游生态效率 c 均值为 0.1329，显然省与省之间生态效率的差异性较上中下游之间的生态效率差异性更为明显。如图 4 - 2 所示，2004 ~ 2015 年，长江经济带省与省之间和上中下游之间生态效率差异性呈现波动状态，总体来看具有趋同的趋势，2004 ~ 2005 年和 2007 ~ 2008 年差异性较大，其他年份呈现出较为平稳的波动状态。

表 4 - 4　　　　　　　**2004 ~ 2015 年长江经济带生态效率变异系数**

年份	省际生态效率 c 值	上中下游生态效率 c 值
2004 ~ 2005	0.7606	0.4144
2005 ~ 2006	0.2282	0.0752
2006 ~ 2007	0.0922	0.0374
2007 ~ 2008	0.6214	0.3081
2008 ~ 2009	0.2669	0.1024
2009 ~ 2010	0.1618	0.0623
2010 ~ 2011	0.1032	0.0333
2011 ~ 2012	0.1247	0.0861
2012 ~ 2013	0.1419	0.1060
2013 ~ 2014	0.1410	0.0335
2014 ~ 2015	0.2906	0.2028
均值	0.2666	0.1329

资料来源：根据变异系数计算公式计算得到：$c = S_t / \bar{\mu}_t$。其中，$\bar{\mu}_t$ 表示第 t 年长江经济带 11 个省市生态效率均值，S_t 表示相应的标准差。

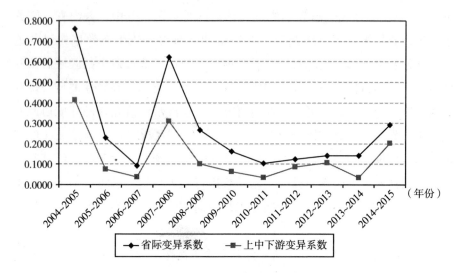

图 4 − 2　长江经济带生态效率差异的变动趋势

表 4 − 5 显示长江经济带生态效率 σ 收敛统计值，从长江经济带生态效率总体情况看，表现出"总体收敛，局部发散"的特点，长江经济带整体生态效率 σ 收敛值从 2004 年的 0.7606 减少至 2015 年的 0.2906，反映了长江经济带生态效率的绝对差异呈现出减小的趋势，总体表现为 σ 收敛，但是各年之间生态效率绝对差异表现为较为剧烈的波动状态，上游和下游地区生态效率的绝对差异也表现为波动变化的趋势，最终呈现出 σ 收敛的趋势，而中游地区未表现出 σ 收敛态势。

表 4 − 5　　　　　　长江经济带及上中下游生态效率 σ 收敛统计值

年份	长江经济带	上游	中游	下游
2004 ~ 2005	0.7606	0.8181	0.0227	0.5047
2005 ~ 2006	0.2282	0.3611	0.0084	0.0952
2006 ~ 2007	0.0922	0.1186	0.0965	0.0804
2007 ~ 2008	0.6214	0.7694	0.0661	0.1392
2008 ~ 2009	0.2669	0.3713	0.0256	0.2794
2009 ~ 2010	0.1618	0.2406	0.0276	0.1207
2010 ~ 2011	0.1032	0.1168	0.0145	0.1483
2011 ~ 2012	0.1247	0.1089	0.1772	0.0896
2012 ~ 2013	0.1419	0.0955	0.1566	0.1477
2013 ~ 2014	0.1410	0.1518	0.0311	0.2240
2014 ~ 2015	0.2906	0.0791	0.0642	0.4990

资料来源：根据公式（4 − 7）由生态效率值计算得到。

表4-6给出了生态效率绝对β收敛的回归结果。通过Hausman检验，确定对于长江经济带整体及上中下游区域均采用固定效应模型进行判断。从长江经济带层面看，系数b的估计值为-0.8079且在1%的显著性水平下通过检验，说明初始时期生态效率水平与其增长率成反比，长江经济带生态效率整体上呈现出绝对β收敛，各省域生态效率趋于一个稳定水平，这与长江经济带生态效率σ收敛得到的结果相一致。从长江经济带上中下游的层面出发，三大流域间的生态效率也呈现出显著的绝对β收敛，表明上中下游生态效率水平较低的省市对生态效率水平较高的省市有一定的"追赶"效应。这说明了长江经济带生态效率呈现出协调发展特征。

表4-6 长江经济带及其上中下游绝对β收敛的回归结果

区域	模型	a	b	Hausman	P值	结论
整体	FE	0.0981 *** (5.29)	-0.8079 *** (-10.69)	11.20	0.0037	固定效应
	RE	0.0810 *** (3.81)	-0.6818 *** (-9.75)			
上游	FE	0.1060 ** (2.41)	-0.7834 *** (-6.24)	4.59	0.0000	固定效应
	RE	0.0753 * (1.76)	-0.6326 *** (-5.87)			
中游	FE	0.0401 * (2.05)	-0.7538 *** (-3.87)	2.69	0.0007	固定效应
	RE	0.0299 (1.59)	-0.5969 *** (-3.45)			
下游	FE	0.1352 *** (5.34)	-0.8829 *** (-7.33)	6.12	0.0000	固定效应
	RE	0.1298 *** (9.16)	-0.8378 *** (-6.49)			

注：（1）*、**、***分别表示10%、5%、1%的显著性水平；（2）括号内为t统计量值。

表4-7给出了长江经济带整体层面生态效率条件β收敛的回归结果。通过Hausman检验，确定采用固定效应模型进行判断。从表中回归结果进行分析，能够发现，长江经济带整体层面表现出显著的生态效率条件β收

敛趋势，即各省市之间最终将趋向于各自的稳态。从选取的控制变量来看，经济发展速度在 1% 的显著性水平下显著，这表明该因素能够较为明显的推进长江经济带形成条件 β 收敛的趋势。产业结构和人力资源通过了 10% 的显著性检验，对长江经济带整体生态效率条件 β 收敛也具有较为显著的促进作用。能源消费结构未能通过检验，表明该因素不是形成生态效率条件 β 收敛的主要原因。

表 4 - 7　　　　　　　　　长江经济带整体条件 β 收敛的回归结果

变量	系数	t 值	P 值
a	4.6718 ***	2.92	0.006
b	-0.1432 ***	-4.49	0.000
$GDPR$	1.4451 ***	2.62	0.010
IS	2.6435 *	1.75	0.083
ECS	-0.0263	-1.43	0.157
LR	-0.3656 *	-1.91	0.060
F 值	6.86 ***		0.0000
Hausman	40.33		0.0000
结论	固定效应模型		

注：* 、** 、*** 分别表示 10% 、5% 、1% 的显著性水平；括号内为 t 统计量值。

第四节　长江经济带生态效率的改善与发展

本章基于协调发展的角度，对长江经济带 11 个省市的生态效率进行定量测度分析，同时对区域间生态效率的差异性进行动态分析，最后对生态效率的收敛性进行检验。研究结果显示，长江经济带总体的生态效率表现为逐年提升的状态。从生态效率水平来看，上游生态效率表现最佳，下、中游生态效率水平未能达到整体平均水平，分别处于第二位和第三位。从省际视角看，云南省生态效率年均增长率在 11 个省市中居于首位；江苏省在下游地区四个省市中具有最高的生态效率水平。各省市间及各流域间有较显著的差异性，但其差异性表现出波动下降的趋势。这有利于长江经济带生态效率的协调发展。

　　根据上述研究结论，本章认为提升长江经济带生态效率可以从如下两个方面进行：一方面，结合自身现状、因地制宜推进生态文明发展。各省市及流域应该牢固树立"生态优先、绿色发展"理念，遵循"分区推进、适度开发、协调发展"的原则，从自身的生态情况与特点出发，发挥比较优势，针对自身的不足与问题，采用相应的措施实施精准生态治理及保护，推进生态文明建设。长江上游区域以生态预防保护为主，中游区域以生态保护恢复为主，下游区域以治理修复为主。经济较发达、生态效率较高的省市，更应注重经济、资源环境的协调发展，加大生态环保技术的投入，推进生态环境保护与修复工作；经济较落后的省市，应首先推进资源环境可承载的特色产业发展，以带动经济发展，同时积极引进先进的环保技术，推进生态技术进步，提高生态效率。另一方面，推动长江经济带生态区域协同联动发展。要全面提高长江经济带的生态效率，要针对区域存在生态保护不足、生态碎片化等问题，经济带生态环保工作应该统筹协调、系统发展，形成长江经济带生态环保共抓、共管、共享的良好政策环境。长江经济带应建立协同发展机制，包括健全生态环境协同保护机制，形成生态环境联防、联控、联治机制；形成统一的生态检测网络、建立生态保护机制；以及评估考核机制等。长江经济带应该加强各区域间人才、技术和资金流动，促使先进的流域管理和流域生态等理念及先进技术区域间转移，消除各流域、省市间的同质竞争，实现整个区域一体化发展，从而有利于整个经济带生态文明建设。

第五章

长江经济带省域绿色全要素
生产率评价研究

考虑到跨区域研究中存在技术集合差异的问题，针对以往效率评价方法存在的缺陷，本章在共同前沿分析框架下将超效率 SBM-Undesirable 模型与 Metafrontier-ML 指数相结合，对长江经济带能源与环境双重约束下的绿色全要素生产率指数（以下简称"绿色 TFP"）进行测度评价，进而探讨了各区域间绿色 TFP 增长的收敛性，分析其协调发展，最后对长江经济带总体及其上、中、下游地区绿色 TFP 的影响因素进行实证研究。

第一节　引言

《长江经济带发展规划纲要》（以下简称《纲要》）强调长江经济带发展定位生态优先、绿色发展，强调创新驱动、上中下游经济协调发展以及缩小东中西部发展差距等等。提高全要素生产率是我国新常态经济增长动力，而提高绿色全要素生产率是提升长江经济带绿色、创新、开放与协调发展的动力。因此，对长江经济带绿色全要素生产率进行评价研究很有必要。

自索罗的新古典经济增长模型开创，全要素生产率（TFP）被越来越多地引入该模型。起初，对 TFP 的测算仅包含传统的资本要素和劳动要素，随着能源的紧缺和环境问题的日益严重，将能源和环境因素纳入对全要素生产率进行测算的分析框架就显得尤为重要。目前，国内外学者对环境约束下的全要素生产率主要有三种不同的表达，第一种表达为环境全要素生产率，如王兵等（2010）将 SBM 方向性距离函数与 Luenberger 生产率指数相结合，在资源环境约束下研究中国 30 个省份 1998～2007 年的环境全要素生产率及其成分分解项；匡远凤等（2012）在放松规模报酬不变的假定下，利用广义 Malmquist 指数与 SFA 模型相结合的方法，对我国 1995～2009 年的环境 TFP 的增长变动状况进行了研究；王杰等（2014）在建立环境规制与企业全要素生产率关系数理模型的基础上，测算中国工业企业 1998～2011 年的环境全要素生产率。第二种表达称其为环境敏感性全要素生产率，如柯等（Ke et al.，2008）使用产出距离函数和超对数函数形式，测度了中国 30 个省市 1996～2002 年的环境敏感性全要素生产率，并对二氧化硫的影子价格进行估计；胡鞍钢等（2008）在中国省级数据的基础上，利用方向性距离函数测算了中国 30 个省份在 1999～2005 年的环境敏感性生产率并重新进行了排名。第三种名称为绿色全要素生产率，如陈诗一（2010）基于非参数距离函数框架中的 Shepherd 产出距离函数和方向性产出距离函数，对 1980～2008 年中国工业 38 个行业的环境全要素生产率进行估算；李斌等（2013）采用考虑非期望产出的非径向非角度 SBM 模型，结合 ML 生产率指数对中国 36 个工业行业 2001～2010 年的分行业绿色技术效率和绿色全要素生产率进行了测度；汪锋等（2015）使用 1997～2012 年省级面板数据，以超越对数生产函数为基础对中国各省的绿色全要素生产率增长率进行测算。通过对文献的梳理，在能源和环境双重约束下的效率测度模型强调经济与能源、环境的协调发展，将其称为绿色全要素生产率更加符合当前国务院颁布的《关于依托黄金水道推动长江经济带发展的指导意见》中明确提出的"打造沿江绿色能源产业带"的理念，以及《纲要》强调的"生态优先、绿色发展"。因此，从投入产出的角度出发，将长江经济带绿色全要素生产率定义为增加长江经济带经济和社会效益的同时，减少环境污染和能源消耗，这也是可持续发展应具有的特征。考虑到跨区域研究中存在技术集合差异的问题，针对以往效率评价方法存在的缺陷，在共同前沿分析框架下将超效率 SBM-Undesirable 模型与 Metafrontier-ML 指数相结合，对长江经济带能源与环境双重约束下的绿色 TFP 指数进行测度，进而探讨了各区域间绿色 TFP 增长的收敛性，分析其协调发展，最后对长江经济带总体及其上、中、下游地区绿色 TFP 的影响因素进行实证研究。

第二节　实证研究方法

一、超效率 SBM-Undesirable 模型

目前，国内外学者常采用传统的数据包络分析模型（DEA），如 CCR，BCC 模型对 TFP 进行测算，但是传统的 DEA 模型都是基于径向和角度的思想，无法测算松弛变量对相对效率产生的影响，由此可能高估决策单元（decision making units，DMU）的效率。托恩（Tone，2001）提出的 SBM-DEA 模型是基于松弛变量的非径向和非角度的效率评价模型，其优点在于将松弛投入和松弛产出直接纳入目标函数当中，从而解决了投入和产出变量的松弛性问题，并且能够避免由于径向和角度选择的不同导致评价效率时产生偏差问题。但是在构建模型中如果多个 DMU 同时有效，就会导致传统的 SBM-DEA 模型无法继续进行评价，此外，为测度长江经济带各省市能源和环境双重约束下的绿色 TFP，将非期望产出纳入评价指标体系是十分必要的。因此，本章选取考虑非期望产出的超效率 SBM-Undesirable 模型。假设有 N 个 DMU，在 t 时期 DMU 的投入变量、期望产出和非期望产出可以分别表示为 $x_{kn}^t \in R_+^N$、$y_{kn}^t \in R_+^M$ 和 $b_{kn}^t \in R_+^I$，对应的矩阵表示为 $X = [x_1^t, \cdots, x_n^t] \in R_+^{N \times n} > 0, Y = [y_1^t, \cdots, y_n^t] \in R_+^{M \times n} > 0$ 和 $B = [b_1^t, \cdots, b_n^t] \in R_+^{I \times n} > 0$，在规模报酬不变的情况下，生产可能性集 P 可以用如下集合进行表示：$P = \{(x_{kn}^t, y_{kn}^t, b_{kn}^t) | x_{kn}^t \geq X\lambda_k^t, y_{kn}^t \geq Y\lambda_k^t, b_{kn}^t \geq B\lambda_k^t, \lambda_k^t \geq 0\}$，其中，$\lambda$ 表示 R_+^n 上的一个非负权重向量。s_n^x，s_m^y 和 s_i^b 分别表示投入、期望产出和非期望产出的松弛向量。该模型的数学表达式如下：

$$\rho^* = \min \frac{1 - \dfrac{1}{N}\sum_{n=1}^{N}\dfrac{s_n^x}{x_{kn}^t}}{1 + \dfrac{1}{M+I}\left(\sum_{m=1}^{M}\dfrac{s_m^y}{y_{km}^t} + \sum_{i=1}^{L}\dfrac{s_i^b}{b_{kt}^t}\right)}$$

$$\text{s. t.} \begin{cases} \sum_{k=1,k\neq j}^{K}\lambda_k^t x_{kn}^t + s_n^x = x_{kn}^t, n=1,\cdots,N \\[2mm] \sum_{k=1,k\neq j}^{K}\lambda_k^t x_{kn}^t - s_m^y = y_{km}^t, m=1,\cdots,M \\[2mm] \sum_{k=1,k\neq j}^{K}\lambda_k^t b_{kt}^t + s_t^b = b_{ki}^t, i=1,\cdots,I \\[2mm] \lambda_k^t \geqslant 0, s_n^x \geqslant 0, s_m^y \geqslant 0, s_i^b \geqslant 0, k=1,\cdots,K \end{cases} \quad (5-1)$$

二、Meta-fronitier 模型

使用 DEA 方法测度绿色 TFP 时，潜在假设认为所有 DMU 拥有相同或类似的技术水平，即具有同一生产前沿。在实际研究中，长江经济带 11 个省市在经济发展水平、对外开放程度、产业结构、社会环境和资源禀赋等方面具有一定的差异。如果对所有 DMU 构建同一个生产前沿面将无法准确衡量各省市真实的绿色 TFP，结果可能产生较大偏差。针对这一问题，速水和拉坦（Hayami and Ruttan，1970）首次提出能够测度不同的生产技术集下生产者效率的共同前沿生产函数（meta-fronitier production function）的概念性框架。经过发展，巴蒂斯和拉奥（Battese and Rao，2002）根据一定的标准将 DMU 划分为不同的群组，利用随机前沿分析方法（stochastic frontier analysis，SFA）构建所有 DMU 的共同前沿以及各组 DMU 的群组前沿，估计出共同前沿和群组前沿的技术效率，进而对二者之间的共同技术比率（meta-technology ratio，MTR）进行比较。但 SFA 假设所有 DMU 均有潜力达到相同的技术水平，这将导致共同前沿无法包络群组前沿。为此，巴蒂斯（2004）等以数据包络分析法代替 SFA 方法建立了以 DEA 方法构建共同前沿和群组前沿的分析框架，有效解决了上述方法的缺陷。

（一）共同前沿与群组前沿

共同前沿和群组前沿的差异主要在于二者所所参照的技术集合不同。共同前沿表示所有 DMU 的潜在技术水平，群组前沿则表示各组 DMU 的真实技术水平。根据巴蒂斯（2004）等构建的 Meta-fronitier 模型，将所有 DMU 分为 i 个群组，在考虑非期望产出的情况下，群组技术集合可以表示为：

$$T_G = \{(x_i, y_i, b_i) : x_i \geq 0, y_i \geq 0, b_i \geq 0; x_i \ \text{能够生产出}\ (y_i, b_i)\} \quad (5-2)$$

式（5-2）中：x_i 表示第 i 个群组的投入向量，y_i 表示期望产出向量，b_i 表示非期望产出向量。该式可以表示在技术集合 T_G 下，若要达到一定产出 $P_G(y_i, b_i)$ 投入量 x_i 所要达到的条件。其对应的生产可能集表示为：

$$P_G(x_i) = \{(y_i, b_i) : (x_i, y_i, b_i) \in T_G\} \quad (5-3)$$

由于共同前沿是群组前沿的包络曲线，因此考虑非期望产出的共同技术集合 T_M 应满足：

$$T_M = \{T^1 \cup T^2 \cup \cdots \cup T^i\},$$
$$T_M = \{(x, y, b) : x \geq 0, y \geq 0, b \geq 0; x \ \text{能够生产出}\ (y, b)\} \quad (5-4)$$

其对应的生产可能集表示为：

$$P_M(x) = \{(y, b) : (x, y, b) \in T_M\} \quad (5-5)$$

群组技术效率（GTE）与共同技术效率（MTE）等价于各自生产可能集的方向性距离函数，即群组技术效率（共同技术效率）等价于以群组前沿（共同前沿）为基础的方向性距离函数。群组距离函数和共同距离函数分别表示为：

$$0 \leq \vec{D}_G(x_i, y_i, b_i) = \sup_\lambda \{\lambda > 0 : (x_i/\lambda) \in P_G(y_i, b_i)\}$$
$$= \text{GTE}(x, y, b) \leq 1 \quad (5-6)$$

$$0 \leq \vec{D}_M(x, y, b) = \sup_\lambda \{\lambda > 0 : (x/\lambda) \in P_M(y, b)\}$$
$$= \text{MTE}(x, y, b) \leq 1 \quad (5-7)$$

$\vec{D}_G(x_i, y_i, b_i)$ 和 $\vec{D}_M(x, y, b)$ 分别表示在群组技术水平和共同技术水平下

的投入距离函数。当投入量 x_i 或 x 在集合 $p_G(y_i,b_i)$ 或 $p_M(y,b)$ 外部时，距离大于 1；如果二者在集合的边界上，距离等于 1。

在上述方向性距离函数的基础上，定义在非期望产出情况下从第 t 期到第 $t+1$ 期的 Group-frontier-Malmquist-Luenberger 指数（简称 GML 指数）为：

$$\mathrm{GML}_i^{t,t+1} = \mathrm{GEC}_i^{t+1} \times \mathrm{GTC}_i^{t+1} \tag{5-8}$$

$$\mathrm{GEC}_i^{t,t+1} = \frac{1+\vec{D}_G^t(x_k^t,y_k^t,b_k^t;y_k^t,-b_k^t)}{1+\vec{D}_G^{t+1}(x_k^{t+1},y_k^{t+1},b_k^{t+1};y_k^{t+1},-b_k^{t+1})} \tag{5-9}$$

$$\mathrm{GTC}_i^{t,t+1} = \frac{1+\vec{D}_G^{t+1}(x_k^{t+1},y_k^{t+1},b_k^{t+1};y_k^{t+1},-b_k^{t+1})}{1+\vec{D}_G^t(x_k^{t+1},y_k^{t+1},b_k^{t+1};y_k^{t+1},-b_k^{t+1})} \times \frac{1+\vec{D}_G^{t+1}(x_k^t,y_k^t,b_k^t;y_k^t,-b_k^t)}{1+\vec{D}_G^t(x_k^t,y_k^t,b_k^t;y_k^t,-b_k^t)}$$

$$\tag{5-10}$$

其中，$\mathrm{GEC}_G^{t,t+1}$ 指数衡量 *DMU* 在第 G 个群组前沿下从第 t 时期到第 $t+1$ 时期之间的移动，$\mathrm{GTC}_G^{t,t+1}$ 指数测度第 G 个群组前沿下技术落后区域在 t 时期到第 $t+1$ 期之间对技术先进区域的生产可能性前沿追赶的程度。

（二）共同技术比率

构建 Meta-fronitier 模型的一个核心指标就是共同技术比率（MTR），将其定义为 DMU 实际产出在群组前沿所对应的技术水平相对于其在潜在共同前沿所对应的技术水平的比值，反映被评价 DMU 实际产出技术水平对共同前沿的偏离程度。以单一投入产出系统为例，假设 DMU 分为三个群组，分别对应的群组前沿为群组 1、群组 2、群组 3，图 5-1 展示了考虑非期望产出情况下群组 2 的某 DMU 的投入产出组合 A_3 的 MTR 的测算方法，MTR 计算公式如下：

$$\mathrm{MTR}^i(x_i,y_i,b_i) = \frac{\mathrm{MTE}(x,y,b)}{\mathrm{GTE}(x_i,y_i,b_i)} - \frac{\vec{D}_M(x,y,b)}{\vec{D}_G(x_i,y_i,b_i)}$$

$$= \frac{BA_3/BA_1}{BA_3/BA_2} = \frac{BA_2}{BA_1} \tag{5-11}$$

显然，MTR 的取值范围为 $0 \leqslant \mathrm{MTR} \leqslant 1$。用其衡量在同一 DMU 不同前沿下的技术效率差异，MTR 值越接近于 1，表示实际生产效率和潜在生产效率越接近，即技术效率越高。

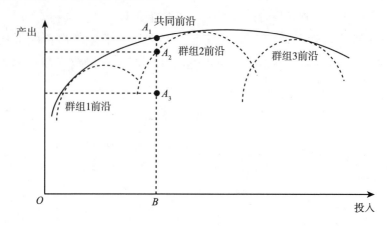

图 5－1　共同前沿、群组前沿与共同技术比率

（三）Meta-frontier-Malmquist-Luenberger 指数（MML 指数）及其分解

对于全要素生产率的分解，借鉴王兵（2010）等的分解技术，将 MML 指数分解为群组效率变动指数（GEC）、群组技术进步指数（GTC）、纯粹技术追赶（PTCU）和潜在技术相对变动（PTRC），分解式如下：

$$MML = GML \times \frac{MML}{GML} = GEC \times GTC \times \frac{MEC \times MTC}{GEC \times GTC}$$

$$= GEC \times GTC \times PTCU \times PTRC \qquad (5-12)$$

$$PTCU^{t,t+1} = \frac{MTR^{t+1}(x_{t+1}, y_{t+1}, b_{t+1})}{MTR^t(x_t, y_t, b_t)} = \frac{MTE^{t+1}/GTE^{t+1}}{MTE^t/GTE^t}$$

$$= \frac{\dfrac{\vec{D}_M^t(x_t, y_t, b_t)}{\vec{D}_M^{t+1}(x_{t+1}, y_{t+1}, b_{t+1})}}{\dfrac{\vec{D}_G^t(x_t, y_t, b_t)}{\vec{D}_G^{t+1}(x_{t+1}, y_{t+1}, b_{t+1})}} = \frac{MEC^{t,t+1}}{GEC^{t,t+1}} \qquad (5-13)$$

$$PTRC^{t,t+1} = \sqrt{\frac{MTR^t(x_t, y_t, b_t)}{MTR^{t+1}(x_{t+1}, y_{t+1}, b_{t+1})} \times \frac{MTR^t(x_{t+1}, y_{t+1}, b_{t+1})}{MTR^{t+1}(x_t, y_t, b_t)}}$$

$$= \frac{\sqrt{\dfrac{\overrightarrow{D_M^{t+1}}(x_t,y_t,b_t)}{\overrightarrow{D_M^t}(x_t,y_t,b_t)} \times \dfrac{\overrightarrow{D_M^{t+1}}(x_{t+1},y_{t+1},b_{t+1})}{\overrightarrow{D_M^t}(x_{t+1},y_{t+1},b_{t+1})}}}{\sqrt{\dfrac{\overrightarrow{D_G^{t+1}}(x_t,y_t,b_t)}{\overrightarrow{D_G^t}(x_t,y_t,b_t)} \times \dfrac{\overrightarrow{D_G^{t+1}}(x_{t+1},y_{t+1},b_{t+1})}{\overrightarrow{D_G^t}(x_t,y_t,b_t)}}}$$

$$= \frac{\text{MTC}^{t,t+1}}{\text{MEC}^{t,t+1}} \tag{5-14}$$

其中，若 PTCU > 1，表示实际技术生产效率和潜在技术生产效率之间的差距逐渐缩小，则存在技术追赶，否则不存在追赶效应。若 PTRC < 1，则表示群组生产前沿对共同生产前沿具有追赶效应，若 PTRC > 1，表明群组生产前沿对共同生产前沿技术追赶具有较大难度。

第三节　评价指标体系的构建及说明

基于能源和环境双重约束，构建长江经济带绿色全要素生产率评价指标体系，利用绿色 TFP 指数反映长江经济带各区域的经济增长、社会效益、能源节约和环境保护四者之间协调发展状况。鉴于重庆市于 1996 年从四川省独立出来，依据数据的可获得性和全面性，本章选取的时间跨度为 1996～2014 年，指标分为投入指标和产出指标。其中，投入包括资本投入、劳动投入和能源消耗；产出包括期望产出和非期望产出。在选取资本投入指标时，目前较多数学者采用永续盘存法对资本存量加以计算。但在计算过程中，对于基期资本存量以及折旧率的选择方面具有较大出入。而在过去 20 多年中，全社会的固定资产投资和固定资本形成数据的增长趋势基本保持一致，数据包络分析方法是对相对效率进行测度，保证样本数据具有相对一致性，其分析结果就不会有较大偏差，因此本章选用全社会固定资产投资总额作为资本投入的代理变量，以 1996 年为基期剔除价格因素的影响，单位统一为"万元"。将各省市当年年初和年末从业人员数的平均值作为当年劳动投入的代理变量，单位统一为"万人"。能源消耗以能源消费总量进行衡量，单位统一为"万吨标准煤"。对于期望产出的选择，采用通常使用的地区生产总值进行衡量，同样以 1996 年为基期不变价，单位统一为"亿元"。在选取非期望产出指标时，本章从目前关注度较高的空气污染和水污染两方面考虑，将工业烟粉尘排放量、工业二氧化硫排放量以及工业废水排放量三个指标纳入评价指标体系，单位统一为"万吨"。数据来源于相应年份的《中国统计年鉴》《中国环境统计年鉴》《中国能源统计年鉴》以及 11 个省市相应年份的《地方统计年鉴》。

第四节　实证结果分析

一、长江经济带绿色 TFP 增长及其来源分析

表 5 - 1 给出长江经济带 1996 ~ 2014 年 MML 指数、GML 指数及其分解项的平均值，从中可以看出，长江经济带下游区域绿色 TFP 居于首位，MML 指数达到 1.101；中游区域表现其次，MML 指数为 1.090；表现最差的为上游区域，MML 指数均值小于 1，仅为 0.993。表明长江经济带中、下游区域绿色 TFP 表现出持续增长的态势，而上游区域绿色 TFP 出现小幅度下降。从技术进步来看，无论基于共同前沿还是群组前沿，绝大多数省市的技术进步指数均大于 1；而从效率变动的角度看，基于群组前沿下多数省市的 GEC 指数均小于 1，如重庆市、四川省、江西省、湖南省、江苏省、浙江省、上海市，这些地区的技术效率存在恶化趋势，不利于长江经济带绿色 TFP 水平的提高。其他省市的效率变动指数较小，说明技术效率的亟待改进提高，从而得出技术进步对长江经济带各省市绿色 TFP 增长做出主要贡献的结论。

表 5 - 1　　　1996 ~ 2014 年长江经济带 MML 指数、GML 指数
及其分解项均值

省（市）	MEC	MTC	MML	GEC	GTC	GML	PTCU	PTRC
重庆市	1.002	0.992	0.994	0.983	1.026	1.008	1.020	0.966
四川省	0.999	0.992	0.991	0.989	1.019	1.008	1.010	0.974
贵州省	0.997	1.003	1.000	1.011	0.992	1.003	0.986	1.011

省（市）	MEC	MTC	MML	GEC	GTC	GML	PTCU	PTRC
云南省	1.024	0.965	0.987	1.001	1.179	1.181	1.022	0.818
上游平均	1.005	0.988	0.993	0.996	1.054	1.050	1.010	0.942
江西省	1.015	1.107	1.123	0.995	1.014	1.009	1.020	1.092
湖南省	0.992	1.140	1.132	0.990	1.014	1.004	1.003	1.124
湖北省	1.005	1.009	1.014	1.001	1.201	1.202	1.004	0.840
中游平均	1.004	1.086	1.090	0.995	1.076	1.072	1.009	1.019
江苏省	1.025	1.015	1.040	0.985	1.118	1.101	1.040	0.908
浙江省	1.001	1.114	1.115	0.998	1.091	1.089	1.003	1.021
上海市	1.007	0.993	1.000	0.972	1.030	1.001	1.037	0.964
安徽省	1.039	1.201	1.247	1.021	1.009	1.031	1.017	1.189
下游平均	1.018	1.081	1.101	0.994	1.062	1.055	1.024	1.021

注：表中结果通过软件 MaxDEA 6.0 计算得到。

从技术追赶的角度分析，下游区域的 PTCU 高于中、上游区域，表明江苏省、浙江省、上海市和安徽省是推动共同前沿向前移动的主要省市，即下游区域能源和环境双重约束下的实际生产效率最接近于潜在共同前沿下的生产效率。其中，江苏省的 PTCU 指数位于首位，说明江苏省的实际技术生产效率和潜在技术生产效率之间存在技术追赶且两者间差距缩小的速度最快。从潜在技术相对变动的角度分析，下游区域 PTRC 均值位于首位，其值为 1.021，中游其次，PTRC 均值为 1.019，而上游区域 PTRC 均值小于 1。这表明长江经济带下游各省市技术效率较高，与共同前沿技术差距相对较小，群组前沿向共同前沿推进的速度较慢，技术追赶存在较大难度。其中，云南省 PTRC 值为 0.818，在长江经济带 11 个省市中最低，这可能因为云南省经济发展水平不高，从而具有较低的技术水平，但是该地区具有较大的资源禀赋，因此表现出较大的技术进步潜力和空间。

二、长江经济带群组技术效率、共同技术效率和共同技术比率分析

表 5-2 给出长江经济带三大群组的共同技术效率（MTE）与群组技

术效率（GTE），并得到共同技术比率（MTR）。从各群组的 MTE 均值来看，三大群组从高到低依次排序为下游区域、上游区域和中游区域。其中，下游区域 MTE 的均值为 1.146，这表明下游区域在潜在技术水平下平均改善了 14.6%；上游区域平均 MTE 为 1.061，相比有 6.1% 的改善；中游区域 MTE 的均值为 0.953，表明若采用潜在共同边界技术进行生产，将仍然有 4.7% 的效率改善空间。在下游区域群组的四个省市中，平均技术效率表现最好的为上海市，对应的 MTE 和 GTE 分别为 1.463 和 1.844；安徽省的 MTE 仅 0.662，这表明把非期望产出考虑到生产效率的框架体系后，与共同前沿生产技术效率相比较，安徽省在生产上仍然存在 33.8% 的改善空间；浙江省的 GTE 在上有群组中最低，其值为 1.019，表明其与长江经济带上游群组前沿技术效率相比仅有 1.9% 的改善。同理，在长江经济带上游区域中，与共同前沿技术相比较，MTE 均值表现最佳的重庆市在生产上改善了 33.3%，表现最差的云南省在生产上仍然有 47.9% 的改善空间；与群组前沿生产技术相比较，GTE 表现最好的四川省在生产上改善了 72.8%，表现最差的云南省在生产上仍存在 39.2% 的效率改善空间。在长江经济带中游区域，与共同前沿技术相比较，MTE 均值表现最佳的江西省有 15.8% 的改善，而表现最差的湖北省在生产上有 31.8% 的改善空间，与群组前沿生产技术相比较，两个省市的 GTE 分别改善了 94.1% 和 6.2%。

共同技术比率（MTR）反映了 DMU 的实际技术水平与共同前沿技术水平的接近程度，MTR 越大则技术效率越高。从表 5-2 可以得出长江经济带上、中、下游三大群组的 MTR 均值从高到低排列顺序为上游区域、下游区域和中游区域，这表明不同流域的群组间确实存在生产技术效率的差异。其中，上游区域的 MTR 为 0.828，表明实际生产效率能够达到潜在生产效率的 82.8%。同理，中游区域和下游区域实际生产效率分别能够达到潜在生产效率的 66.4% 和 75.5%。在上游区域群组中，MTR 均值最高的是贵州省，这说明将非期望产出纳入生产效率衡量框架之后，贵州省在长江经济带上游群组能源与环境双重约束下具有最高的技术效率水平。具体来说，贵州省的 MTR 值为 0.988，表明其实际技术水平能达到潜在共同前沿技术水平的 98.8%。同理得到，浙江省和湖南省分别在长江经济带下游和中游群组能源和环境双重约束下的技术效率水平最高，两者采用的实际技术水平能够达到潜在共同前沿技术水平的 93.5% 和 75.3%。图 5 - 2 表现出三大群组 MTR 的动态变化趋势，上游区域 MTR 在多数年份高于中、下游区域，表明上游区域实际生产效率多数情况下更能够达到潜在生产效率；而下游区域 MTR 整体表现出明显的上升态势，且下游区域与上游区域的差距有不断缩小并超越的趋势，表明下游区域技术差距在逐年缩小，这可能是由于下游区域地理位置优越，经济开放程度较大，具有较为先进的技术水平和丰富的管理水平，可以使用的资金更加充裕，能够吸引外来投资和引进更多人才。图 5 - 3 更加直观地反映出下游区域实际生产效率不断提高的趋势。

表 5 - 2　　　　1996~2014 年长江经济带区域技术效率及共同技术比率均值

上游区域	MTE	GTE	MTR	中游区域	MTE	GTE	MTR	下游区域	MTE	GTE	MTR
重庆市	1.333	1.593	0.837	江西省	1.158	1.941	0.597	江苏省	1.442	1.572	0.917
四川省	1.087	1.728	0.629	湖南省	1.020	1.354	0.753	浙江省	1.019	1.090	0.935
贵州省	1.303	1.319	0.988	湖北省	0.682	1.062	0.642	上海市	1.463	1.844	0.793
云南省	0.521	0.608	0.856					安徽省	0.662	1.768	0.374
均值	1.061	1.312	0.828	均值	0.953	1.452	0.664	均值	1.146	1.568	0.755

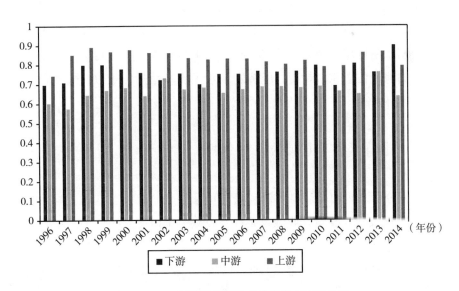

图 5 - 2　三大群组共同技术效率动态变化趋势

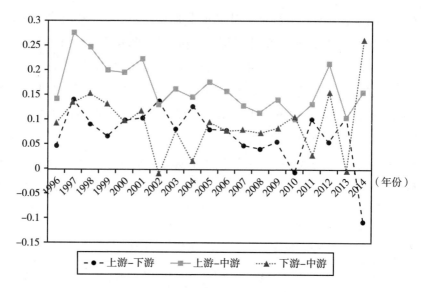

图 5-3　三大群组共同技术效率差距的比较

长江经济带三大群组 MTR 差距的变化如图 5-3 所示，整体上呈现出先缩小后扩大的波动变化趋势。在 2010 年之前，上游和下游间 MTR 差距为正，且一直呈现缩小趋势，到 2010 年，上游与下游 MTR 差值为负，表明下游区域实际技术水平已经开始超越上游区域，绿色 TFP 稳固提升。值得注意的是，中游区域与上、下游区域的 MTR 差距表现出逐渐拉大的趋势，说明中游区域三个省市的实际技术水平有所退步，这可能是由于该流域所处的地理位置相对封闭，经济发展水平比较落后，难以在技术进步上得到保障。

三、长江经济带区域收敛性分析

以上分析表现出长江经济带区域之间绿色 TFP 存在一定的差异性，本章分别从 σ 收敛、绝对 β 收敛及条件 β 收敛三个角度对绿色 TFP 增长的区域收敛性进行分析。

本章首先对长江经济带区域间是否存在 σ 收敛进行检验，σ 收敛表示为：

$$\sigma_i = \left\{ N^{-1} \sum_{i=1}^{N} \left[MML_i(t) - \left(N^{-1} \sum_{i=1}^{N} MML_i(t) \right) \right]^2 \right\}^{1/2} \bigg/ \left(N^{-1} \sum_{i=1}^{N} MML_i(t) \right)$$

$$(5-15)$$

其中，$MML_i(t)$ 为第 i 个区域第 t 年的绿色 TFP 指数；N 为区域的数目。如果 σ 值逐年减小，则趋于 σ 收敛，反之则表现为 σ 发散。长江经济带绿色 TFP 增长的 σ 值演变趋势如图 5-4 所示。从图中可以看出，长江经济带绿色 TFP 增长总体呈现出较为明显的 σ 收敛特征。具体而言，1997～1999 年表现为收敛，2000～2005 年趋于发散，2006～2014 年又趋于收敛，总体具有收敛性。同时，不同区域表现出不同的收敛程度，长江经济带总体表现出较为显著的 σ 收敛趋势。上游区域四个省市之间绿色 TFP 增长的 σ 收敛波动最小，1997～2014 年年均差异均小于长江经济带总体绿色 TFP 增长差异；中游区域 σ 值呈现较大幅度的波动，说明中游四个省市之间绿色 TFP 增长差异的变动趋势较为明显；下游区域则呈现出显著的 σ 收敛趋势。

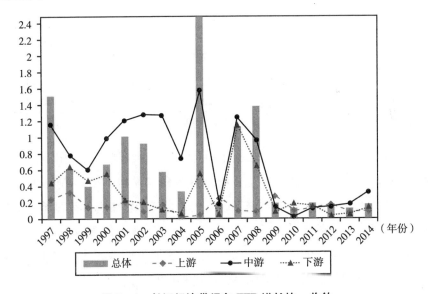

图 5-4　长江经济带绿色 TFP 增长的 σ 收敛

绝对 β 收敛是指绿色 TFP 增长水平较低的区域随着时间的推移对增长水平较高区域存在"追赶"的趋势，最终使得各区域的绿色 TFP 趋向同一个稳定值。根据巴罗和萨拉伊-马丁（Barro and Sala-I-Martin，1992）的研究，用如下检验方程表示区域绿色 TFP 增长的绝对 β 收敛：

$$\ln(\mathrm{MML}_{i,t+T}/\mathrm{MML}_{i,t})/T = a + b\ln(\mathrm{MML}_{i,t}) + \mu_{i,t} \qquad (5-16)$$

式（5 – 16）中，$\mathrm{MML}_{i,t}$ 和 $\mathrm{MML}_{i,t+T}$ 分别表示第 i 个区域第 t 期和第 $t + T$ 期的绿色 TFP 指数；a 为常数项；b 为基期绿色 TFP 指数的系数；$\mu_{i,t}$ 为随机误差项。若 b 显著为负，表示各区域绿色 TFP 的增长速度与初始值为反向关系，全要素生产率较低省市对较高省市具有"追赶"的趋势，即存在绝对 β 收敛，反之则不存在。为了最大效用的利用样本数据，同时使计量回归的时间序列表现出连续性，本章令 $T = 1$。

表 5 – 3 给出长江经济带总体及其上、中、下游三大区域绝对 β 收敛的检验结果。

表 5 – 3　　　　　　　长江经济带绿色 TFP 增长的绝对 β 收敛

	长江经济带	上游	中游	下游
常数项 a	0.6746 ** (– 2.3210)	– 1.9569 *** (– 3.4503)	– 0.4264 (– 1.4003)	1.4244 *** (– 2.9585)
系数 b	– 0.7297 *** (– 3.0081)	– 0.8920 *** (– 3.5578)	– 0.4615 ** (– 2.1725)	– 0.8535 *** (– 3.3872)
R^2	0.3763	0.4577	0.2393	0.4334
$\mathrm{D_W}$ 值	2.1077	2.0222	2.0558	2.0699

注：*、**、*** 分别表示在 10%、5%、1% 的水平上显著；括号内为 t 统计量。

从表 5 – 3 中可以看出，长江经济带总体及三大区域均表现出绝对 β 收敛的趋势。其中，长江经济带总体绝对 β 收敛的系数 b 估计值显著为负，说明初期绿色 TFP 水平与其增长率成反比，长江经济带总体呈现绝对 β 收敛趋势，绿色 TFP 趋于一个稳定水平。从长江经济带各流域的角度来看，上、中、下游区域绿色 TFP 均呈现出显著的绝对 β 收敛趋势，表明各区域中绿色 TFP 水平较低的省市对水平较高的省市有"追赶"效应。

条件 β 收敛指各区域的绿色 TFP 增长不仅取决于该区域的期初水平，同样受到区域差异的影响，最终会凭借自身特征收敛于各自的稳定状态。根据萨拉伊 – 马丁（Sala-I-Martin，1996）的研究，全要素生产率的条件 β 收敛检验方程如下：

$$\ln(\mathrm{MML}_{i,t+T}/\mathrm{MML}_{i,t})/T = a + b\ln(\mathrm{MML}_{i,t}) + \sum_{j=1}^{n} \gamma_j x_{i,t}^j + \mu_{i,t} \quad (5-17)$$

其中，$x_{i,t}^j$ 表示控制变量，其含义表示第 i 个区域和第 j 个区域间存在的差异；γ_j 表示第 j 个控制变量的系数。在进行条件 β 收敛性分析时，由于假设各经济单位间是异质的，为了消除不变的异质性影响，应该利用面板模型进行回归分析，首先决定选取固定效应模型还是随机效应模型。同样令 $T=1$。表 5-4 给出长江经济带绿色 TFP 增长面板数据的固定效应（FE）和随机效应（RE）的条件 β 收敛回归结果，采用 Hausman 检验来确定模型的选取。

表 5-4　　　　　　　长江经济带绿色 TFP 增长的条件 β 收敛

	长江经济带		上游		中游		下游	
	FE	RE	FE	RE	FE	RE	FE	RE
系数 b	-1.1510^{***}	-1.1403^{***}	-1.4335^{***}	-1.4342^{***}	-1.1930^{***}	-1.1929^{***}	-0.8862^{***}	-0.8518^{***}
	(-16.227)	(-16.182)	(-13.762)	(-13.762)	(-8.8174)	(-8.8206)	(-7.3153)	(-7.1826)
Hausman 检验	1.7384		0.2654		0.0013		1.9351	
p 值	0.1873		0.6064		0.9708		0.1642	
结论	随机效应模型		随机效应模型		随机效应模型		随机效应模型	

注：*，**，*** 分别表示在 10%，5%，1% 的水平上显著；括号内为 t 统计量。

根据检验结果，选取随机效应模型的估计结果判断长江经济带绿色 TFP 增长是否存在条件 β 收敛。由回归系数 b 均显著为负且可以得出长江经济带总体及上中下游均表现出条件 β 收敛的趋势，并且三大流域呈现出上游至下游的收敛速度递减的规律，即绿色 TFP 增长达到各自的稳态水平所需时间依次递增。综上分析，长江经济带总体和上中下游区域同时存在 σ 收敛、绝对 β 收敛和条件 β 收敛，表明长江经济带绿色全要素生产率稳固提升，最终趋向一个共同的稳态。

四、长江经济带绿色 TFP 影响因素分析

（一）指标选取和变量解释

本章借鉴李玲等（2011）、陈红蕾等（2013）和陈超凡（2016）等对

全要素生产率影响因素的研究成果，结合本章对能源与环境双重约束下长江经济带绿色 TFP 的实证分析，分别从经济发展水平、对外开放程度、产业结构、环境规制和能源消费结构五个方面确定影响因素，被解释变量为绿色 TFP 指数，解释变量的选取具体如下：一是经济发展水平（PGDP），用人均地区生产总值作为代理变量。通常情况下，一个地区的经济发展水平与其环境和能源的利用效率存在较大关系，经济发展水平较高的地区更加注重环境保护，对能源的利用更加高效节能，因此把经济发展水平作为影响因素考虑是十分必要的。二是对外开放程度（FT），用各省市进出口总额占地区生产总值的比重来表示。从本章对长江经济带 11 个省市绿色 TFP 增长的动力分析，可以看出一个省市对外开放的程度的不同对该省市全要素生产率有很明显的影响。三是产业结构（IS），对于该影响因素的选取，多数学者采用各省市第二产业增加值占地区生产总值的比重表示，还有一些学者采用第三产业增加值占地区生产总值的比重。本章认为影响一个地区环境污染和能源消耗主要取决于第二产业的产业结构，故选用第二产业增加值占地区生产总值的比重作为产业结构影响因素的变量指标。四是环境规制（ER），选取环境污染治理投资占地区生产总值的比重作为衡量指标。五是能源消费结构（ECS），中国是世界第二大能源生产国，也是世界第二大能源消费国，还是以煤炭为主要能源的国家，故选取煤炭消费量占能源消费总量的份额作为代理变量。以上各指标数据来源于相应年份的《中国统计年鉴》《中国能源统计年鉴》《中国对外经济年鉴》以及长江经济带 11 个省市相应年份的《地方统计年鉴》。

（二）模型的选择

由于绿色 TFP 指数处于 0 ~ 2 之间，属于受限制因变量，在建立面板数据回归模型时，本章采用 Tobit 面板计量回归模型进行分析。该模型基本形式如下：

$$Y_k = \begin{cases} X'_k \beta + \mu_k，当 X'_k \beta + \mu_k > 0 \\ 0，\qquad 其他 \end{cases} \qquad (5-18)$$

基于长江经济带 11 个省市 1996 ~ 2014 年的面板数据，构建长江经济带绿色 TFP 影响因素的 Tobit 模型，具体表达式如下：

$$\text{TFP}_{it} = \beta_0 + \beta_1 \text{PGDP}_{it} + \beta_2 \text{FT}_{it} + \beta_3 \text{IS}_{it} + \beta_4 \text{ER}_{it} + \beta_5 \text{ECS}_{it} + \mu_{it}$$

$$(5-19)$$

式（5-19）中，TFP_{it} 分别表示长江经济带总体及上中下游区域第 i 个省市第 t 年的能源与环境双重约束下的绿色 TFP 指数；$\beta_j (j = 1, 2, \cdots, 5)$ 为待估计的参数；随机误差项 $\mu_{it} \sim N(0, \sigma^2)$。利用极大似然估计得到 Tobit 模型回归结果如表 5-5 所示，采用极大似然估计得到的 $\hat{\beta}_{it}$ 是原参数的一致估计量。

表 5-5　　　　　　　长江经济带绿色 TFP 影响因素回归结果

变量	长江经济带	上游	中游	下游
β_0	0.6704 *** (2.98)	0.6417 (1.57)	1.3022 *** (6.86)	0.9771 * (1.79)
PGDP	-0.0465 *** (3.15)	-0.0211 *** (-13.32)	-0.0864 *** (-13.88)	-0.0936 * (-1.69)
FT	-0.0110 (-0.34)	-0.0058 (-0.23)	0.0013 *** (3.61)	0.3549 ** (2.53)
IS	0.0007 (0.16)	0.0083 (0.93)	0.7935 *** (15.94)	0.1832 ** (2.30)
ER	0.2068 *** (3.56)	0.3158 *** (2.86)	-0.0140 *** (3.84)	-0.0041 (-0.04)
ECS	-0.0011 *** (-7.3)	-0.0005 *** (-1.4)	-0.2866 *** (-15.59)	-0.0130 *** (-3.41)
sigma	0.3025	0.2066	0.1019	-0.2500

注：*、**、*** 分别表示在 10%、5%、1% 的水平上显著；括号内为 t 统计量；sigma 表示 Tobit 模型的规模参数。

五、影响因素分析

根据实证分析结果，得到如下结论：

从经济发展水平（PGDP）对长江经济带绿色 TFP 的影响来看，两者之间具有显著的负相关关系。从长江经济带总体视角观察，其人均地区生产总值每增加 1 个百分点，将促使长江经济带绿色 TFP 下降 0.0465%。从长江经济带三个流域的视角观察，下游区域的经济发展水平变动对绿色 TFP 的负面影响程度最大，具体表现为 PGDP 每提升 1 个百分点，将导致下游绿色 TFP 下降 0.0936%；上游区域经济发展水平对绿色 TFP 具有最小的负面冲击，PGDP 每提高 1 个百分点，绿色 TFP 将下降 0.0211%；中游区域经济发展水平对绿色 TFP 也具有较大负面影响，PGDP 每提高 1%，绿色 TFP 下降 0.0864%。这表明长江经济带总体表现出粗放型的经济增长方式，其经济发展主要建立在高能耗、高污染的传统发展方式之上，并且各区域间人均地区生产总值对绿色全要素生产率的影响程度不同。

对长江经济带总体及上游而言，对外开放程度（FT）与绿色 TFP 虽然呈现出负相关关系，但并不具有显著性，而中、下游区域表现出显著的正相关关系。中游和下游区域 FT 每提高 1 个百分点，绿色 TFP 将提升 0.0013% 和 0.3549%。这主要是由于地区间招商引资政策实施的程度存在差异，具体而言，长江经济带总体处于产业转型阶段，招商引资门槛较低，引入大批高耗能和高污染的企业，导致绿色 TFP 水平下降；下游地区地理位置优越，经济开放时间较早且程度较高，已经具有较为丰富的管理经验，形成了比较完善的管理制度，能够引入大量资金，并且招商引资的企业多为资金密集型的高新技术产业，因此对区域绿色 TFP 的提高具有显著的正面影响。

从产业结构方面（IS）分析，其与长江经济带中、下游地区表现出显著的正相关关系，但与长江经济带总体及上游地区无明显的相关关系。具体来说，第二产业增加值占地区生产总值的比重每提高 1 个百分点，将使中、下游地区绿色 TFP 分别增加 0.7935% 和 0.1832%。而从环境规制（ER）的角度看，长江经济带总体及上、下游区域与环保投入表现出显著的相关关系，但是影响不同。其中，长江经济带总体及上游区域环境污染治理投资占地区生产总值的比重每增加 1%，将推动区域绿色 TFP 分别增长 0.2068% 和 0.3158%，但是中游区域 ER 每增加 1 个百分点，将导致绿色 TFP 降低 0.014%。这可能与上游地区各省市较高的环境资源禀赋有关，先天有利的环境条件将有助于推进能源与环境双重约束下的绿色 TFP 的提升。

能源消费结构（ECS）与长江经济带总体及上中下游绿色 TFP 均表现

出显著的负相关关系。煤炭消费量占能源消费总量的份额每提高 1 个百分点，将使长江经济带总体及上中下游区域绿色 TFP 分别下降 0.0011% 和 0.0005%、0.2866%、0.013%。这主要是由于煤炭消费在我国目前的能源消费中占有较大比重，而煤炭燃烧不仅造成环境的污染，其利用效率也较低，大量使用煤炭能源必然会导致绿色全要素生产率下降。

第五节　结论与启示

本章运用跨区域研究中的共同前沿生产函数分析框架，在能源与环境双重约束下，将超效率 SBM-Undesirable 模型与 Meta-frontier-Malmquist-Luenberger 指数相结合，测度长江经济带绿色全要素生产率及其分解成分，对比分析了上中下游三大区域绿色 TFP 增长及其动力源泉，进而从三个角度对绿色 TFP 增长的地区收敛性进行验证，最后运用面板 Tobit 模型从经济发展水平、对外开放程度、产业结构、环境规制和能源消费结构五个方面探索长江经济带绿色 TFP 的影响因素。实证分析结果对研究长江经济带 11 个省市绿色全要素生产率稳步提升具有一定的现实意义和参考价值。

第一，从长江经济带三大区域绿色 TFP 的变化趋势能够看出，下游区域表现最佳，中游其次，而上游区域绿色 TFP 指数小于 1，表明该区域绿色 TFP 表现出下降趋势。从技术追赶的角度来看，江苏省、浙江省、上海市、安徽省是推动共同前沿向前移动的主要省市，即下游区域的实际生产效率最接近于潜在共同前沿下的生产效率。从潜在技术相对变动的角度来看，上游各省市虽然技术效率不高，与共同前沿技术差距相对较大，但是群组前沿向共同前沿推进的速度最快，技术追赶存在的难度较小。因此，对长江经济带不同区域不能采取同样的方式对待，需要结合各省市自身状况因地制宜制定相应政策和措施。

第二，依据长江经济带上中下游地区及 11 个省市生产技术效率的改进空间和潜力，下游区域在采用潜在共同边界技术进行生产的条件下改善最大，上游其次，而中游区域仍然具有一定的改善空间。上海市的平均生产技术效率表现最好，云南省在长江经济带中具有最大的改进潜力和空间。

从不同流域共同技术效率的差异来看，长江经济带三大流域整体呈现先缩小后扩大的波动变化趋势。下游实际技术水平正逐步超越上游，上中下游技术水平差距逐步拉大。下游区域应该合理利用其地理位置优越的特点，加快经济开放程度，吸引更多的外来投资，引进更多的人才。中下游区域需要充分发挥自身所拥有的资源禀赋，借助下游区域的高生产技术效率带动其全要素生产率稳步提升。

第三，技术进步是长江经济带绿色 TFP 增长的主要源泉，技术效率则对绿色 TFP 的提升没有明显推动效果。我国当前"高能耗、高污染"的生产方式是降低全要素生产率的主要原因，而改变当前粗放型的生产方式才能够提升技术效率，从而推动绿色 TFP 稳步增长。另外，技术效率的改进相比技术进步具有见效快、成本低的优点，因此，探究如何减少技术效率改进过程中的不利因素对长江经济带绿色 TFP 的提升具有创造性的意义。

第四，经济发展水平对长江经济带总体及其上中下游均具有明显的负向冲击作用。应该加快经济发展方式从粗放型向高质量、高效率集约型转变，倡导绿色发展，推进长江经济带实现生态文明建设的先行示范带。不断优化产业结构和能源消费结构，长江经济带多数省市产业结构以第二产业为主，而煤炭化石燃料是第二产业主要的能源消费来源，这必然对环境和能源双重约束的绿色 TFP 增长产生阻碍。一方面应该重点关注高新技术产业发展，推动传统产业改造升级；另一方面降低化石燃料能源消费比重，提高能源利用效率的同时积极开发清洁能源。环境污染治理投资对多数地区绿色 TFP 的提高具有明显的正向促进作用，因此政府应该加大环保投资力度，加强对高能耗、高污染企业的管控，鼓励企业节能减排，使长江经济带全要素生产率真正实现绿色增长。

第六章

基于 DPSIR 模型长江经济带城市
生态文明建设评价

对长江经济带省域（市）的生态文明综合评价能够分析比较出长江经济带各省域生态文明发展状况，但是想要更加深入地研究长江经济带的生态文明发展水平，对长江经济带城市的研究就显得尤为必要，因为各省域由相应的城市组成的，通过细致比较分析各城市的生态文明各方面的得分与综合得分，能发现长江经济带区域发展更深入的问题，并据所得研究结果更客观合理地给出相应的对策建议。

前文基于 DPSIR 模型介绍了长江经济带省市生态文明综合评价结果，本章则对长江经济带 108 个城市（除上海市、重庆市外，其余均为地级市，由于数据缺失贵州省毕节市和铜仁市除外）生态文明建设进行综合评价比较。在第二章，已经很详尽地介绍了 DPSIR 模型的方法理论，本章利用该对方法对长江经济带城市生态文明建设进行综合评价，只是由于数据的可获得性，将指标体系稍加变动。

第一节　评价方法及指标体系构建

DPSIR 模型是一种在环境系统中广泛使用的评价指标体系概念模型，作为衡量环境及可持续发展的一种指标体系而开发出来的，是从系统分析的角度看待人和环境系统的相互作用。该模型将表征一个自然系统的评价指标分为驱动力、压力、状态、影响和响应五种类型，每种类型中又分为若干种指标。DPSIR 模型是一种基于因果关系组织信息及相关指数的框架，根据这一框架，存在着驱动力—压力—状态—影响—响应的因果关系链。本章利用 DPSIR 模型，建立评价指标体系，探究长江经济带 108 个城市生态文明综合评价结果，旨在更加深入细致地分析了长江经济带各区域生态文明发展状况。

一、综合评价理论方法介绍

利用 DPSIR 模型进行综合评价时，可选取两种模糊综合评价方法，这在第二章的第一节已经有详细介绍，在对长江经济带省市进行综合评价时，采用的是相对优属度矩阵评价，通过建立模糊效应型或模糊成本型矩阵，建立综合评价模型。而在本章中，则采用相对偏差模糊矩阵评价，通过建立偏差模糊矩阵，建立综合评价模型，刻画各方案与理想方案的偏离程度，故本章中综合得分值越低表明评价效果越优。

二、生态文明建设评价指标体系

在本章评价体系中，模型中驱动力、压力、状态、影响、响应之间的关系为：驱动力和压力的关系可以表示为是所用技术和相关系统的生态效率的一个函数，如果生态效率提高，更多的驱动力会产生更低的压力值。对人类或生态系统的影响与环境状态之间的关系取决于这些系统的承载力和阈值，社会是否会对影响产生响应，取决于这些影响是如何被认识和评价的。而社会影响对驱动力反作用的结果，则取决于响应的效率。以上五部分综合反映了生态文明建设的情况。

（一）驱动力因素分析

驱动力指推动文明建设发展的指标，主要是指社会经济发展动力方面，是生态文明可持续发展最原始、最直接的目标，可选用的指标通常有人均地区生产总值、人口自然增长率、人均供水量和城镇居民人均可支配收入等。

（二）压力因素分析

压力是指通过驱动力作用之后直接施加在生态建设之上的，促使生态可持续发展变化的因素。驱动力是指对生态文明建设产生发展变化作用的外力，其方式是隐性的，而压力产生作用的方式则是显性的。压力主要是指人类活动对自然生态环境的负荷，一般可选取的指标有人均工业废水排放量、居民人均生活用水量、每万元 GDP 工业烟尘排放量、每万元 GDP 工业二氧化硫排放量、每万元 GDP 工业废水排放量和区域环境噪声平均值等。

（三）状态因素分析

状态是指地区生态建设在压力指标下所处的状态，可定性或定量地描述评价区域的生态环境状况，包括各类环境要素，也包括居住环境。一般可选取的指标有人均公园绿地面积、人均城市建设用地面积、第三产业占 GDP 的比重和环境噪声达标率覆盖率等。

（四）影响因素分析

生态文明影响因素是指地区生态文明建设过程中状态对社会经济、公众生活及人群健康的影响。一般可选取的指标有每万人医疗机构床位数、城市登记失业率、受保护区域国土面积比例和退化土地恢复率等。

（五）响应因素分析

响应因素是指地区生态建设过程中所采取抑制系统变化的相应措施，如相关法律的制定、环境保护条例的颁布及其配套政策的实施。响应的具体措施还需前面各因子均明确后方能给出。一般可采用污水处理厂集中处理率、一般工业固体废物综合利用率、生活垃圾无害化处理率、每万人口普通高等学校平均在校学生数和教育科学投资占 GDP 比重等指标反映响应因素。

综合考虑评价指标体系设计所应遵守的可靠性原则、客观性原则、系统性原则、可操作性原则以及数据的可获得性，本章生态文明建设评价指标体系如表6-1所示。

表6-1   生态文明建设评价指标体系

目标层	准则层	决策层	指标属性	变异系数	权重
生态文明建设评价指标体系	驱动力	人均地区生产总值（元）D1	效益型	0.5603	0.0449
		人口自然增长率（千分之）D2	效益型	0.8764	0.0702
		人均供水量（吨/人）D3	效益型	1.1194	0.0896
	压力	人均工业废水排放量（吨/人）P1	成本型	0.9600	0.0768
		居民人均生活用水量（吨/人）P2	成本型	1.0319	0.0826
		每万元GDP工业烟尘排放量（千克/万元）P3	成本型	0.8071	0.0646
		每万元GDP工业二氧化硫排放量（千克/万元）P4	成本型	0.9301	0.0745
		每万元GDP工业废水排放量（吨/万元）P5	成本型	0.6851	0.0548
	状态	人均公园绿地面积（平方米/人）S1	效益型	0.8717	0.0698
		人均城市建设用地面积（平方米/人）S2	效益型	0.7916	0.0634
		第三产业占GDP的比重（%）	效益型	0.2264	0.0181
	影响	每万人医疗机构床位数（张/万人）I1	效益型	0.8329	0.0667
		城市登记失业率（%）I2	成本型	0.7692	0.0616
	响应	污水处理厂集中处理率（%）R1	效益型	0.1274	0.0102
		一般工业固体废物综合利用率（%）R2	效益型	0.2299	0.0184
		生活垃圾无害化处理率（%）R3	效益型	0.1189	0.0095
		每万人口普通高等学校平均在校学生数（人）R4	效益型	1.5537	0.1244

三、数据来源

本章对2014年长江经济带城市生态文明进行研究，数据来源于2015年的《中国统计年鉴》与《中国城市统计年鉴》，或根据这些年鉴数据经计算整理得到。

第二节　实证结果分析

长江经济带生态文明建设状况的得出具体可归纳为两个方面：一是准则层各因子的权重；二是由决策层各指标构成的模糊综合评价矩阵。下面将主要从这两个方面展开分析。

由图 6-1 可知，压力、驱动力、响应占有较大的比重，可以看作准则层中比较重要的三个指标。

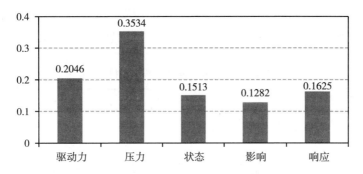

图 6-1　准则层指标相对于目标层的权重

由图 6-2 可知，每万人口普通高等学校平均在校学生数（人）R4、人均供水量（吨/人）D3、居民人均生活用水量（吨/人）P2、人均工业

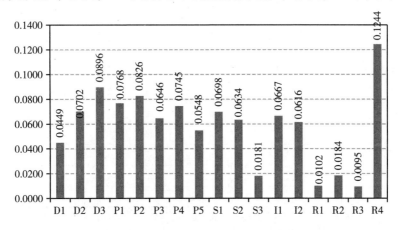

图 6-2　决策层指标相对于目标层的权重

废水排放量（吨/人）P1、每万元 GDP 工业二氧化硫排放量（千克/万元）P4、人口自然增长率（千分之）D2 与人均公园绿地面积（平方米/人）S1 在指标体系中所占的权重较大，即决策层中比较重要的指标。

一、驱动力因素差异性分析

由表 6 - 2 可知，长江经济带城市驱动力平均水平为 0.1621。南京市驱动力得分为 0.0809，处于长江经济带第一位，第二位的上海市较第一名差距不大，武汉驱动力得分为 0.0936，处于第三位。南充、巴中、广元三市驱动力得分分别为 0.1953、0.1948 与 0.1932，位于长江经济带最后三位，较均值有一定差距。总的来说，发达城市的驱动力因素表现较强。

表 6 - 2　　　　　长江经济带城市驱动力得分及排名

城市	驱动力得分	排名	城市	驱动力得分	排名	城市	驱动力得分	排名
上海	0.0809	2	宿州	0.1844	86	益阳	0.1787	74
南京	0.0809	1	六安	0.1786	73	郴州	0.1776	70
无锡	0.1194	9	亳州	0.1873	94	永州	0.1754	66
徐州	0.1449	25	池州	0.1788	75	怀化	0.1849	87
常州	0.1346	15	宣城	0.1896	102	娄底	0.1693	56
苏州	0.1051	4	南昌	0.1064	5	重庆	0.1679	52
南通	0.1688	55	景德镇	0.1671	51	成都	0.1421	23
连云港	0.1597	43	萍乡	0.1361	16	自贡	0.1801	78
淮安	0.1582	41	九江	0.1519	32	攀枝花	0.1214	10
盐城	0.1780	71	新余	0.1388	19	泸州	0.1861	91
扬州	0.1576	39	鹰潭	0.1403	20	德阳	0.1843	85
镇江	0.1413	22	赣州	0.1404	21	绵阳	0.1864	92
泰州	0.1721	59	吉安	0.1276	12	广元	0.1932	106
宿迁	0.1593	42	宜春	0.1472	26	遂宁	0.1854	88
杭州	0.1188	7	抚州	0.1569	37	内江	0.1896	103
宁波	0.1298	14	上饶	0.1567	36	乐山	0.1874	95
温州	0.1638	47	武汉	0.0936	3	南充	0.1953	108
嘉兴	0.1645	48	黄石	0.1374	17	眉山	0.1877	98
湖州	0.1635	46	十堰	0.1706	58	宜宾	0.1882	99

续表

城市	驱动力得分	排名	城市	驱动力得分	排名	城市	驱动力得分	排名
绍兴	0.1385	18	宜昌	0.1650	49	广安	0.1857	89
金华	0.1739	63	襄樊	0.1734	62	达州	0.1889	101
衢州	0.1739	65	鄂州	0.1527	33	雅安	0.1858	90
舟山	0.1548	35	荆门	0.1723	60	巴中	0.1948	107
台州	0.1685	54	孝感	0.1811	81	资阳	0.1916	105
丽水	0.1730	61	荆州	0.1887	100	昆明	0.1482	29
合肥	0.1473	27	黄冈	0.1782	72	曲靖	0.1818	83
芜湖	0.1576	38	咸宁	0.1667	50	玉溪	0.1790	77
蚌埠	0.1268	11	随州	0.1739	64	保山	0.1871	93
淮南	0.1600	44	长沙	0.1156	6	昭通	0.1830	84
马鞍山	0.1490	30	株洲	0.1535	34	丽江	0.1811	80
淮北	0.1516	31	湘潭	0.1579	40	普洱	0.1900	104
铜陵	0.1298	13	衡阳	0.1704	57	临沧	0.1875	96
安庆	0.1876	97	邵阳	0.1767	67	贵阳	0.1191	8
黄山	0.1770	68	岳阳	0.1616	45	六盘水	0.1427	24
滁州	0.1790	76	常德	0.1771	69	遵义	0.1481	28
阜阳	0.1817	82	张家界	0.1802	79	安顺	0.1681	53

由表 6 - 3 可知，长江经济带 11 个省会城市的驱动力平均水平为 0.1201。上海市、南京市的驱动力值均为 0.0809，武汉市驱动力值为 0.0936，合肥市、重庆市、成都市、昆明市的驱动力值大于省会城市的平均水平，说明这些城市在驱动力因素方面上有所欠缺。上海市和南京市地区较为发达，驱动力值最低，说明发展较好。除此之外，杭州、南昌、长沙、贵阳作为省会城市，发展情况良好，有一定的上升空间。

表 6 - 3 　　　　　　　长江经济带城市驱动力得分及排名

项目	上海市	南京市	杭州市	合肥市	南昌市	武汉市
驱动力得分	0.0809	0.0809	0.1188	0.1473	0.1064	0.0936
驱动力排名	1	2	5	9	4	3

项目	长沙市	重庆市	成都市	昆明市	贵阳市	均值
驱动力得分	0.1156	0.1679	0.1421	0.1482	0.1191	0.1201
驱动力排名	6	11	8	10	7	

由表 6-4 可知，长江经济带 11 个省市域相应城市驱动力总均值为 0.1542，上海驱动力均值最低，为 0.0809，排名第一，四川省城市驱动力不足，平均得分为 0.1819，处于长江经济带第 11 名。平均驱动力水平低于均值的有浙江、湖北、安徽、湖南、重庆、云南和四川，需要适当增强驱动力方面发展，高于均值的有上海、江西、贵州和江苏。由于数据的可获得的原因，指标选取与第二章有所不同，但排名结果大致相同的。

表 6-4　　　　　　　长江经济带各省（市）驱动力均值及排名

项目	上海市	江苏省	浙江省	安徽省	江西省	湖北省
驱动力均值	0.0809	0.1446	0.1566	0.1666	0.1427	0.1628
驱动力排名	1	4	5	7	2	6
项目	湖南省	重庆市	四川省	云南省	贵州省	均值
驱动力均值	0.1676	0.1679	0.1819	0.1797	0.1445	0.1542
驱动力排名	8	9	11	10	3	

二、压力因素差异性分析

由表 6-5 可知，长江经济带城市压力平均水平为 0.0662。资阳市压力得分为 0.0058，处于长江经济带第一位，巴中与南充分处于第二、第三位。六盘水市压力得分为 0.2357，位于长江经济带最后一位，铜陵与攀枝花分别处于最后二、三位，较压力均值有一定差距。

表 6-5　　　　　　　长江经济带城市压力得分及排名

城市	压力得分	排名	城市	压力得分	排名	城市	压力得分	排名
上海	0.1168	99	宿州	0.0445	36	益阳	0.0576	57
南京	0.1149	97	六安	0.0409	27	郴州	0.0570	56
无锡	0.0901	86	亳州	0.0271	8	永州	0.0449	39

续表

城市	压力得分	排名	城市	压力得分	排名	城市	压力得分	排名
徐州	0.0377	21	池州	0.0752	76	怀化	0.0702	72
常州	0.0805	80	宣城	0.0762	78	娄底	0.0832	84
苏州	0.1376	101	南昌	0.0603	60	重庆	0.0554	55
南通	0.0463	44	景德镇	0.1139	95	成都	0.0603	61
连云港	0.0486	47	萍乡	0.1102	94	自贡	0.0277	9
淮安	0.0451	41	九江	0.0826	83	攀枝花	0.1604	106
盐城	0.0495	48	新余	0.1583	105	泸州	0.0330	14
扬州	0.0461	43	鹰潭	0.0510	49	德阳	0.0457	42
镇江	0.0702	70	赣州	0.0686	68	绵阳	0.0391	24
泰州	0.0333	15	吉安	0.0383	22	广元	0.0322	13
宿迁	0.0358	19	宜春	0.0702	71	遂宁	0.0167	4
杭州	0.1036	92	抚州	0.0445	37	内江	0.0681	66
宁波	0.0725	75	上饶	0.0410	28	乐山	0.0677	65
温州	0.0265	7	武汉	0.0949	89	南充	0.0133	3
嘉兴	0.0897	85	黄石	0.1025	91	眉山	0.0441	34
湖州	0.0817	82	十堰	0.0320	12	宜宾	0.0710	73
绍兴	0.0948	88	宜昌	0.0700	69	广安	0.0414	29
金华	0.0385	23	襄樊	0.0364	20	达州	0.0451	40
衢州	0.1500	103	鄂州	0.1273	100	雅安	0.0399	26
舟山	0.0522	51	荆门	0.0761	77	巴中	0.0062	2
台州	0.0294	11	孝感	0.0434	33	资阳	0.0058	1
丽水	0.0629	63	荆州	0.0583	58	昆明	0.0442	35
合肥	0.0597	59	黄冈	0.0252	6	曲靖	0.0682	67
芜湖	0.0544	53	咸宁	0.0341	18	玉溪	0.0908	87
蚌埠	0.0391	25	随州	0.0281	10	保山	0.1160	98
淮南	0.1532	104	长沙	0.0648	64	昭通	0.0446	38
马鞍山	0.1415	102	株洲	0.0544	52	丽江	0.0514	50
淮北	0.0768	79	湘潭	0.0805	81	普洱	0.0548	54
铜陵	0.1828	107	衡阳	0.0429	31	临沧	0.0715	74
安庆	0.0340	17	邵阳	0.0467	45	贵阳	0.0967	90
黄山	0.0194	5	岳阳	0.0484	46	六盘水	0.2357	108
滁州	0.0617	62	常德	0.0434	32	遵义	0.1141	96
阜阳	0.0334	16	张家界	0.0422	30	安顺	0.1099	93

由表6-6可知，长江经济带11个省会城市的压力平均水平为
0.0792。上海市、南京市、杭州市、武汉市和贵阳市压力得分均大于长江
经济带11个省会城市均值，分别为0.1168、0.1149、0.1036、0.0949和
0.0967。合肥市、南昌市、长沙市、重庆市、成都市和昆明市压力得分均
低于均值，说明这些城市压力模块发展较好，依次为0.0597、0.0603、
0.0648、0.0554、0.0603和0.0442。在11个城市中，昆明市压力值最低，
压力水平最高，上海市压力值最高，故压力水平最低。

表6-6　　　　　　　　各省会城市压力得分及排名

项目	上海市	南京市	杭州市	合肥市	南昌市	武汉市
压力得分	0.1168	0.1149	0.1036	0.0597	0.0603	0.0949
压力排名	11	10	9	3	4	7
项目	长沙市	重庆市	成都市	昆明市	贵阳市	均值
压力得分	0.0648	0.0554	0.0603	0.0442	0.0967	0.0792
压力排名	6	2	5	1	8	

由表6-7可知，长江经济带11个省市城市压力均值为0.0750，
四川省城市压力均值为0.0454，居于第一位，贵州省城市压力均值得
分为0.1391，较长江经济带均值水平有一定差距，排名最后一位。各
省市中城市压力水平高于均值的有四川省、重庆市、湖南省、湖北省、
江苏省、云南省、安徽省和浙江省，低于均值的有江西省、上海市和
贵州省。

表6-7　　　　　　　各省（市）城市压力均值及排名

项目	上海市	江苏省	浙江省	安徽省	江西省	湖北省
压力均值	0.1168	0.0643	0.0729	0.0700	0.0763	0.0607
压力排名	10	5	8	7	9	4
项目	湖南省	重庆市	四川省	云南省	贵州省	均值
压力均值	0.0566	0.0554	0.0454	0.0677	0.1391	0.0750
压力排名	3	2	1	6	11	

三、状态因素差异性分析

由表 6-8 可知，长江经济带城市状态平均水平为 0.1153。南京市状态得分为 0.0076，处于长江经济带第一位，遵义、武汉市的状态得分分别为 0.0232、0.0351，处于第二、第三位。资阳市状态得分为 0.1450，位于长江经济带最后一位，临沧与昭通分别处于最后第二、第三位，较状态均值有一定差距。

表 6-8　　　　　　长江经济带城市状态得分及排名

城市	状态得分	排名	城市	状态得分	排名	城市	状态得分	排名
上海	0.0568	4	宿州	0.1367	87	益阳	0.1256	55
南京	0.0076	1	六安	0.1376	89	郴州	0.1275	59
无锡	0.0713	9	亳州	0.1380	93	永州	0.1364	86
徐州	0.1175	46	池州	0.1175	45	怀化	0.1348	79
常州	0.0848	13	宣城	0.1300	63	娄底	0.1383	97
苏州	0.0719	10	南昌	0.0923	19	重庆	0.0943	22
南通	0.1115	34	景德镇	0.1068	30	成都	0.0873	17
连云港	0.1147	38	萍乡	0.1221	51	自贡	0.1146	37
淮安	0.1050	29	九江	0.1249	54	攀枝花	0.0854	15
盐城	0.1301	64	新余	0.0827	12	泸州	0.1296	60
扬州	0.1074	32	鹰潭	0.1245	53	德阳	0.1341	78
镇江	0.0861	16	赣州	0.1322	75	绵阳	0.1274	58
泰州	0.1206	50	吉安	0.1361	85	广元	0.1314	72
宿迁	0.1308	68	宜春	0.1359	84	遂宁	0.1300	62
杭州	0.0610	6	抚州	0.1302	65	内江	0.1380	95
宁波	0.0934	20	上饶	0.1399	101	乐山	0.1333	76
温州	0.1155	41	武汉	0.0351	3	南充	0.1349	80
嘉兴	0.1143	35	黄石	0.1152	40	眉山	0.1390	99
湖州	0.0936	21	十堰	0.1223	52	宜宾	0.1358	83
绍兴	0.0963	23	宜昌	0.1148	39	广安	0.1382	96
金华	0.1256	56	襄樊	0.1259	57	达州	0.1400	102
衢州	0.1203	48	鄂州	0.0882	18	雅安	0.1352	81

城市	状态得分	排名	城市	状态得分	排名	城市	状态得分	排名
舟山	0.0711	8	荆门	0.1311	69	巴中	0.1378	92
台州	0.1171	43	孝感	0.1406	104	资阳	0.1450	108
丽水	0.1297	61	荆州	0.1373	88	昆明	0.0660	7
合肥	0.0851	14	黄冈	0.1427	105	曲靖	0.1402	103
芜湖	0.1069	31	咸宁	0.1320	74	玉溪	0.1378	91
蚌埠	0.1144	36	随州	0.1317	73	保山	0.1391	100
淮南	0.0986	24	长沙	0.0989	25	昭通	0.1428	106
马鞍山	0.1037	28	株洲	0.1174	44	丽江	0.1188	47
淮北	0.0997	26	湘潭	0.1205	49	普洱	0.1378	90
铜陵	0.0587	5	衡阳	0.1313	71	临沧	0.1436	107
安庆	0.1336	77	邵阳	0.1380	94	贵阳	0.0722	11
黄山	0.1090	33	岳阳	0.1303	66	六盘水	0.1355	82
滁州	0.1312	70	常德	0.1304	67	遵义	0.0232	2
阜阳	0.1384	98	张家界	0.1169	42	安顺	0.1000	27

由表 6-9 可知，11 个省会城市的状态均值为 0.0688。其中，上海市、南京市、杭州市、武汉市和昆明市的状态水平均优于平均水平，状态值依次为 0.0568、0.0076、0.0610、0.0351 和 0.0660；合肥市、南昌市、长沙市、重庆市、成都市、贵阳市的状态水平均劣于平均水平，状态值依次为 0.0851、0.0923、0.0989、0.0943、0.0873 和 0.0722。在长江经济带地区 11 个省会城市中，南京市环境状态最优，长沙市环境状态最差。

表 6-9　　　　　　　　各省会城市状态得分及排名

项目	上海市	南京市	杭州市	合肥市	南昌市	武汉市
状态得分	0.0568	0.0076	0.0610	0.0851	0.0923	0.0351
状态排名	3	1	4	7	9	2
项目	长沙市	重庆市	成都市	昆明市	贵阳市	均值
状态得分	0.0989	0.0943	0.0873	0.0660	0.0722	0.0688
状态排名	11	10	8	5	6	

由表 6-10 可知，长江经济带 11 个省市城市状态均值为 0.1065，上

海市状态均值为 0.0568，居于第一位，四川省状态均值得分为 0.1287，较长江经济带均值水平有一定差距，排名最后一位。各省市中压力水平高于均值的有上海市、贵州省、重庆市、江苏省和浙江省，低于均值水平的有安徽省、湖北省、江西省、湖南省、云南省和四川省。

表 6-10　　　　　　长江经济带各省（市）状态均值及排名

项目	上海市	江苏省	浙江省	安徽省	江西省	湖北省
状态均值	0.0568	0.0969	0.1034	0.1149	0.1207	0.1181
状态排名	1	4	5	6	8	7
项目	湖南省	重庆市	四川省	云南省	贵州省	均值
状态均值	0.1266	0.0943	0.1287	0.1282	0.0827	0.1065
状态排名	9	3	11	10	2	

四、影响因素差异性分析

由表 6-11 可知，长江经济带城市影响平均水平为 0.0696。遵义市影响得分为 0.0007，处于长江经济带第一位，遵义市、六盘水市则处于第二、第三位。重庆市影响得分为 0.1243，位于长江经济带最后一位，阜阳市与上海市则处于最后第二、第三位，较影响均值差距不大，说明长江经济带城市影响得分较为集中。

表 6-11　　　　　　长江经济带城市影响得分及排名

城市	影响得分	排名	城市	影响得分	排名	城市	影响得分	排名
上海	0.0819	106	宿州	0.0770	95	益阳	0.0721	67
南京	0.0709	60	六安	0.0785	102	郴州	0.0713	62
无锡	0.0668	31	亳州	0.0775	98	永州	0.0741	83
徐州	0.0810	105	池州	0.0669	33	怀化	0.0702	58
常州	0.0661	24	宣城	0.0687	47	娄底	0.0714	63
苏州	0.0675	35	南昌	0.0700	57	重庆	0.1243	108
南通	0.0760	91	景德镇	0.0652	16	成都	0.0768	93
连云港	0.0739	82	萍乡	0.0651	15	自贡	0.0675	37
淮安	0.0728	75	九江	0.0728	77	攀枝花	0.0572	5

城市	影响得分	排名	城市	影响得分	排名	城市	影响得分	排名
盐城	0.0778	99	新余	0.0654	19	泸州	0.0719	66
扬州	0.0716	65	鹰潭	0.0655	21	德阳	0.0687	46
镇江	0.0664	26	赣州	0.0808	104	绵阳	0.0699	55
泰州	0.0723	72	吉安	0.0722	68	广元	0.0665	27
宿迁	0.0743	84	宜春	0.0748	86	遂宁	0.0675	38
杭州	0.0699	56	抚州	0.0726	74	内江	0.0696	52
宁波	0.0714	64	上饶	0.0792	103	乐山	0.0676	40
温州	0.0780	101	武汉	0.0710	61	南充	0.0773	97
嘉兴	0.0659	22	黄石	0.0661	25	眉山	0.0688	49
湖州	0.0667	30	十堰	0.0632	10	宜宾	0.0722	71
绍兴	0.0696	53	宜昌	0.0668	32	广安	0.0738	80
金华	0.0698	54	襄樊	0.0722	70	达州	0.0770	94
衢州	0.0677	41	鄂州	0.0630	9	雅安	0.0606	7
舟山	0.0623	8	荆门	0.0667	29	巴中	0.0705	59
台州	0.0744	85	孝感	0.0738	79	资阳	0.0722	69
丽水	0.0675	36	荆州	0.0758	89	昆明	0.0646	13
合肥	0.0728	76	黄冈	0.0752	87	曲靖	0.0760	90
芜湖	0.0691	51	咸宁	0.0687	48	玉溪	0.0653	17
蚌埠	0.0689	50	随州	0.0682	45	保山	0.0677	42
淮南	0.0660	23	长沙	0.0666	28	昭通	0.0752	88
马鞍山	0.0681	44	株洲	0.0674	34	丽江	0.0655	20
淮北	0.0646	12	湘潭	0.0654	18	普洱	0.0680	43
铜陵	0.0588	6	衡阳	0.0770	96	临沧	0.0676	39
安庆	0.0762	92	邵阳	0.0779	100	贵阳	0.0536	4
黄山	0.0648	14	岳阳	0.0739	81	六盘水	0.0185	2
滁州	0.0725	73	常德	0.0733	78	遵义	0.0007	1
阜阳	0.0846	107	张家界	0.0644	11	安顺	0.0525	3

由表 6 - 12 可知，长江经济带地区城市影响因素均值为 0.0748。除上海市、重庆市、成都市外，其余 8 个省会城市的影响值均不大于均值。其中，上海市、重庆市和成都市的影响值依次为 0.0819、0.1243 和 0.0768，贵阳市的影响值最小，为 0.0536。由此可见，就"人类健康和社会经济结

构"而言，贵阳市最优，上海市、重庆市和成都市相对较差。

表 6 - 12 长江经济带城市影响得分及排名

项目	上海市	南京市	杭州市	合肥市	南昌市	武汉市
影响得分	0.0819	0.0709	0.0699	0.0728	0.0700	0.0710
影响排名	10	6	4	8	5	7
项目	长沙市	重庆市	成都市	昆明市	贵阳市	均值
影响得分	0.0666	0.1243	0.0768	0.0646	0.0536	0.0748
影响排名	3	11	9	2	1	

由表 6 - 13 可知，长江经济带 11 个省市城市影响均值为 0.0727，贵州省城市影响均值为 0.0313，居于第一位，重庆市城市影响均值得分为 0.1243，较长江经济带城市均值水平有一定差距，排名最后一位。各省市中城市压力水平高于均值的有贵州省、云南省、湖北省、浙江省、四川省、安徽省、江西省、湖南省和江苏省，低于均值水平的有上海市和重庆市。

表 6 - 13 长江经济带各省（市）影响均值及排名

项目	上海市	江苏省	浙江省	安徽省	江西省	湖北省
影响均值	0.0819	0.0721	0.0694	0.0709	0.0712	0.0692
影响排名	10	9	4	6	7	3
项目	湖南省	重庆市	四川省	云南省	贵州省	均值
影响均值	0.0712	0.1243	0.0697	0.0687	0.0313	0.0727
影响排名	7	11	5	2	1	

五、响应因素差异性分析

由表 6 - 14 可知，长江经济带城市响应平均水平为 0.1167。南京市响应得分为 0.0079，处于长江经济带第一位，武汉市、南昌市分别处于第二、第三位。攀枝花市状态得分为 0.1519，位于长江经济带最后一位，昭通市、玉溪市分别处于最后第二、第三位，较响应均值差距较大。

表6-14 　　　　　　　　　长江经济带城市响应得分及排名

城市	响应得分	排名	城市	响应得分	排名	城市	响应得分	排名
上海	0.0920	9	宿州	0.1364	101	益阳	0.1237	61
南京	0.0079	1	六安	0.1284	78	郴州	0.1325	93
无锡	0.1042	17	亳州	0.1240	62	永州	0.1283	74
徐州	0.1149	30	池州	0.1158	32	怀化	0.1216	50
常州	0.0968	14	宣城	0.1292	83	娄底	0.1231	57
苏州	0.0962	11	南昌	0.0190	3	重庆	0.1280	73
南通	0.1162	33	景德镇	0.1127	26	成都	0.1232	58
连云港	0.1235	60	萍乡	0.1220	52	自贡	0.1305	87
淮安	0.1172	37	九江	0.1253	66	攀枝花	0.1519	108
盐城	0.1224	53	新余	0.1008	15	泸州	0.1359	100
扬州	0.1109	24	鹰潭	0.1246	64	德阳	0.1254	67
镇江	0.0966	13	赣州	0.1324	91	绵阳	0.1264	68
泰州	0.1202	45	吉安	0.1241	63	广元	0.1265	69
宿迁	0.1285	79	宜春	0.1200	42	遂宁	0.1268	70
杭州	0.0607	6	抚州	0.1207	47	内江	0.1309	88
宁波	0.1033	16	上饶	0.1410	104	乐山	0.1321	90
温州	0.1166	35	武汉	0.0093	2	南充	0.1291	82
嘉兴	0.1077	20	黄石	0.1132	28	眉山	0.1295	84
湖州	0.1162	34	十堰	0.1250	65	宜宾	0.1330	97
绍兴	0.1086	21	宜昌	0.1205	46	广安	0.1394	103
金华	0.1087	22	襄樊	0.1196	40	达州	0.1304	86
衢州	0.1231	56	鄂州	0.1155	31	雅安	0.1289	81
舟山	0.1063	19	荆门	0.1217	51	巴中	0.1287	80
台州	0.1215	49	孝感	0.1283	75	资阳	0.1274	71
丽水	0.1131	27	荆州	0.1326	95	昆明	0.1354	99
合肥	0.0580	5	黄冈	0.1227	55	曲靖	0.1326	94
芜湖	0.0952	10	咸宁	0.1225	54	玉溪	0.1446	106
蚌埠	0.1140	29	随州	0.1235	59	保山	0.1315	89
淮南	0.0965	12	长沙	0.0458	4	昭通	0.1479	107
马鞍山	0.1099	23	株洲	0.1048	18	丽江	0.1284	76
淮北	0.1113	25	湘潭	0.0841	8	普洱	0.1415	105
铜陵	0.0838	7	衡阳	0.1184	38	临沧	0.1327	96
安庆	0.1213	48	邵阳	0.1339	98	贵阳	0.1295	85
黄山	0.1171	36	岳阳	0.1201	43	六盘水	0.1388	102
滁州	0.1187	39	常德	0.1201	44	遵义	0.1278	72
阜阳	0.1284	77	张家界	0.1199	41	安顺	0.1325	92

由表 6 - 15 可知，长江经济带 11 个省会城市的响应因素均值为 0.0735。南京市、杭州市、合肥市、南昌市、武汉市和长沙市的响应值均不大于均值，依次为 0.0079、0.0607、0.0580、0.0190、0.0093 和 0.0458；上海市、重庆市、成都市、昆明市和贵阳市的响应值均大于均值。其中，南京市所采取的调节政策效果最好，而昆明市在促进可持续发展过程中所采取的对策效率远远不足。

表 6 - 15　　　　　　长江经济带省会城市响应得分及排名

项目	上海市	南京市	杭州市	合肥市	南昌市	武汉市
响应得分	0.0920	0.0079	0.0607	0.0580	0.0190	0.0093
响应排名	7	1	6	5	3	2
项目	长沙市	重庆市	成都市	昆明市	贵阳市	均值
响应得分	0.0458	0.1280	0.1232	0.1354	0.1295	0.0735
响应排名	4	9	8	11	10	

由表 6 - 16 可知，长江经济带 11 个省市城市响应均值为 0.1183，上海市响应均值为 0.0920，居于第一位，云南城市响应均值得分为 0.1368，位于第 11 名。各省市中城市压力水平高于均值的有上海市、江苏省、浙江省、安徽省、湖北省和湖南省，低于均值水平的有重庆市、江西省、四川省、贵州省和云南省。

表 6 - 16　　　　　长江经济带各省（市）响应均值及排名

项目	上海市	江苏省	浙江省	安徽省	江西省	湖北省
响应均值	0.0920	0.1043	0.1078	0.1117	0.1300	0.1129
响应排名	1	2	3	4	8	5
项目	湖南省	重庆市	四川省	云南省	贵州省	均值
响应均值	0.1146	0.1280	0.1309	0.1368	0.1321	0.1183
响应排名	6	7	9	11	10	

六、生态文明建设总体状况差异性分析

由表 6 - 17 可知，长江经济带城市生态文明建设总体均值为 0.4164。

南京市、杭州市、南昌市、武汉市和长沙市的综合得分均小于 0.4164, 生态文明建设状况较好; 上海市、合肥市、重庆市、成都市、昆明市和贵阳市的综合得分均大于 0.4164, 生态文明建设状况较差。其中, 南京市综合得分为 0.2822, 在 11 个省市中生态文明建设状况最优; 重庆市综合得分为 0.5699, 在 11 个省市中生态文明建设状况最差。由于城市的指标数据难以获取, 上海市评价的结果与第二章评价的结果有出入, 这对结果作为参考, 第二章的结果相对更可靠, 但是这对城市评价具有一定参考性。

表6-17　　　　　　**长江经济带城市综合得分及排名**

项目	上海市	南京市	杭州市	合肥市	南昌市	武汉市
综合得分	0.4284	0.2822	0.4141	0.4229	0.3479	0.3039
综合排名	7	1	5	6	3	2
项目	长沙市	重庆市	成都市	昆明市	贵阳市	均值
综合得分	0.3917	0.5699	0.4897	0.4584	0.4711	0.4164
综合排名	4	11	10	8	9	

七、不同区域差异性分析

由表6-18可知, 城市驱动力总体平均值为 0.1201, 上游城市驱动力平均值为 0.1443, 中游城市驱动力平均值为 0.1052, 下游城市驱动力平均值为 0.1070, 就驱动力水平而言, 中游 > 下游 > 上游, 即中游城市驱动力水平最高; 城市压力总体平均值为 0.0792, 上游城市压力平均值为 0.0641, 中游城市压力平均值为 0.0733, 下游城市压力平均值为 0.0988, 就压力水平而言, 上游 > 中游 > 下游, 即上游城市环境所承受的压力最低; 城市状态总体平均值为 0.0688, 上游城市状态平均值为 0.0800, 中游城市状态平均值为 0.0754, 下游城市状态平均值为 0.0526, 就状态的优良程度而言, 下游 > 中游 > 上游, 即下游城市生态环境状态最优, 中游、上游城市生态环境状态次之; 城市影响因子总体平均值为 0.0748, 上游城市影响因子平均值为 0.0783, 中游城市影响因子平均值为 0.0692, 下游的平均值为 0.0739, 所以, 就影响因子而言, 中游的水平较优, 下游水平次之, 上游水平最低; 城市响应总体平均值为 0.0735, 上游城市响应平均值为 0.1290，中游城市响应平均值为 0.0247，下游城市响应平均值为 0.0547，就调解政策的有效性而言，中游 > 下游 > 上游；长江经济带地区城市生态文明建设综合得分均值为 0.4164，上游城市总体均值为 0.4973，中游城市总体均值为 0.3478，下游城市总体均值为 0.3869，所以，总体而言，中游城市生态文明建设状况最优，下游次之，中游最需要改进。

表 6 - 18　　　　　不同区域间代表城市生态文明建设状况

区域	城市	驱动力值	压力值	状态值	影响值	响应值	综合得分
上游	重庆市	0.1679	0.0554	0.0943	0.1243	0.1280	0.5699
	成都市	0.1421	0.0603	0.0873	0.0768	0.1232	0.4897
	昆明市	0.1482	0.0442	0.0660	0.0646	0.1354	0.4584
	贵阳市	0.1191	0.0967	0.0722	0.0536	0.1295	0.4711
	上游平均	0.1443	0.0641	0.0800	0.0798	0.1290	0.4973
中游	武汉市	0.0936	0.0949	0.0351	0.0710	0.0093	0.3039
	南昌市	0.1064	0.0603	0.0923	0.0700	0.0190	0.3479
	长沙市	0.1156	0.0648	0.0989	0.0666	0.0458	0.3917
	中游平均	0.1052	0.0733	0.0754	0.0692	0.0247	0.3478
下游	上海市	0.0809	0.1168	0.0568	0.0819	0.0920	0.4284
	南京市	0.0809	0.1149	0.0076	0.0709	0.0079	0.2822
	杭州市	0.1188	0.1036	0.0610	0.0699	0.0607	0.4141
	合肥市	0.1473	0.0597	0.0851	0.0728	0.0580	0.4229
	下游平均	0.1070	0.0988	0.0526	0.0739	0.0547	0.3869
总体水平	总体平均	0.1201	0.0792	0.0688	0.0748	0.0735	0.4164

表 6 - 19 是基于各省市生态文明评价各因素均值对长江经济带上中下游城市生态文明建设情况进行综合评价，对比表 6 - 13 中代表城市的比较，从全省角度出发，长江经济带上中下游综合得分相差不多，生态文明发展状况下游 > 中游 > 上游。从各因素发展来看，驱动力水平下游 > 中游 > 上游，压力水平上游 > 中游 > 下游，状态水平下游 > 上游 > 中游，影响水平上游 > 中游 > 下游，响应水平则是下游 > 中游 > 上游。

表 6 - 19　　　　　基于各省市城市均值区域生态文明建设状况

区域	驱动力值	压力值	状态值	影响值	响应值	综合得分
上游	0.1760	0.0636	0.1216	0.0663	0.1325	0.5600
中游	0.1584	0.0640	0.1220	0.0705	0.1132	0.5281
下游	0.1549	0.0701	0.1047	0.0712	0.1078	0.5087
总体水平	0.4893	0.1977	0.3483	0.2080	0.3535	1.5968

八、长江经济带 108 个市生态文明综合评价得分

表 6 - 20 是基于 DPSIR 模型的长江经济带 108 个市生态文明评价综合得分，由表中结果可知，贵州省六盘水市生态文明评价综合得分居长江经济带最差，为 0.6712，这与贵州省的经济发展较差相关，南京市综合得分最优，为 0.2822，居第一位，但是较大部分城市相差不大。由于数据可获得性造成指标体系选取问题，各城市综合得分排名结果可能有一些与现实不符，但是也能在一定程度上说明区域发展问题，并能据此提出一些客观合理的建议。

表 6 - 20　　　　　长江经济带地级市生态文明建设综合得分

城市	综合得分	城市	综合得分	城市	综合得分	城市	综合得分
上海	0.4284	蚌埠	0.4632	十堰	0.5130	泸州	0.5565
南京	0.2822	淮南	0.5743	宜昌	0.5372	德阳	0.5582
无锡	0.4518	马鞍山	0.5721	襄樊	0.5275	绵阳	0.5492
徐州	0.4960	淮北	0.5040	鄂州	0.5467	广元	0.5497
常州	0.4628	铜陵	0.5139	荆门	0.5678	遂宁	0.5264
苏州	0.4783	安庆	0.5526	孝感	0.5671	内江	0.5962
南通	0.5188	黄山	0.4873	荆州	0.5928	乐山	0.5880
连云港	0.5204	滁州	0.5631	黄冈	0.5440	南充	0.5498
淮安	0.4983	阜阳	0.5664	咸宁	0.5240	眉山	0.5690
盐城	0.5578	宿州	0.5789	随州	0.5253	宜宾	0.6002
扬州	0.4937	六安	0.5640	长沙	0.3917	广安	0.5785
镇江	0.4606	亳州	0.5539	株洲	0.4976	达州	0.5814

城市	综合得分	城市	综合得分	城市	综合得分	城市	综合得分
泰州	0.5185	池州	0.5543	湘潭	0.5085	雅安	0.5503
宿迁	0.5286	宣城	0.5936	衡阳	0.5400	巴中	0.5380
杭州	0.4141	**南昌**	0.3479	邵阳	0.5732	资阳	0.5420
宁波	0.4704	景德镇	0.5656	岳阳	0.5342	**昆明**	0.4584
温州	0.5004	萍乡	0.5556	常德	0.5443	曲靖	0.5987
嘉兴	0.5421	九江	0.5575	张家界	0.5236	玉溪	0.6175
湖州	0.5217	新余	0.5460	益阳	0.5577	保山	0.6415
绍兴	0.5077	鹰潭	0.5060	郴州	0.5660	昭通	0.5936
金华	0.5165	赣州	0.5544	永州	0.5590	丽江	0.5451
衢州	0.6350	吉安	0.4982	怀化	0.5817	普洱	0.5920
舟山	0.4467	宜春	0.5481	娄底	0.5854	临沧	0.6028
台州	0.5110	抚州	0.5249	**重庆**	0.5699	**贵阳**	0.4711
丽水	0.5462	上饶	0.5578	**成都**	0.4897	六盘水	0.6712
合肥	0.4229	**武汉**	0.3039	自贡	0.5203	遵义	0.4139
芜湖	0.4832	黄石	0.5343	攀枝花	0.5764	安顺	0.5630

注：标粗为省会城市或直辖市。

表 6-21 是各省市城市综合评价平均得分，由表中数据可知，上海市生态文明综合评价得分最低，评价结果最优，居第一位，但是较第二名的江苏省优势不大，云南省位居长江经济带第 11 名，综合得分值最高，为 0.5812。总体来说，11 个省市之间总体差距不太大，尤其几个发达省市如上海市、江苏省和浙江省综合评价得分差距较小。安徽省位于第七位，属于中等偏下地位，说明安徽省的生态文明发展在长江经济带中较为落后，故安徽省政府应加强管理，制定措施，更好地提高生态文明发展水平。

表 6-21　　　长江经济带各省（市）生态文明评价平均得分及排名

项目	上海市	江苏省	浙江省	安徽省	江西省	湖北省
平均得分	0.4284	0.4821	0.5105	0.5342	0.5238	0.5237
排名	1	2	3	7	5	4

项目	湖南省	重庆市	四川省	云南省	贵州省
平均得分	0.5356	0.5699	0.5567	0.5812	0.5298
排名	8	10	9	11	6

第三节 结论与建议

一、结论

1. 长江上、中、下游城市生态文明发展状况差异性明显

长江经济带城市生态文明发展区域差异明显，从区域发展来看，中游驱动力水平最高，上游环境所承受的压力最低，下游生态环境状态最优，就影响因子而言，中游的水平较优，下游水平次之，上游水平最低，就调解政策的有效性而言，中游＞下游＞上游。综合来看，省会城市生态文明发展水平较高，如南京市、武汉市、南昌市和长沙市综合评价得分较低，排名位居长江经济带的前4名，而一些较偏远地区，如六盘水市、保山市、衢州市和玉溪市等生态文明评价情况较差，较发达地区有一定差距。由于长江经济带区域发展并不协调，各省市发达程度有快有慢，长江下游地区综合经济实力较强，生态环境状况比较良好，而下游地区则位置偏远，但资源禀赋较好，环境保护力度不足，这与政府相关政策和经济发展动力等因素息息相关。

2. 长江经济带各省市城市生态文明发展差异明显

通过对城市生态文明进行综合评价，可知长江经济带各省市城市生态文明发展存在差异。较发达地区如上海市、江苏省和浙江省城市生态文明发展水平较高，这可能与其长期的经济稳定增长、近年来注重生态文明建设有关；而较偏远地区例如云南省、重庆市、四川省等长江上中游省份，城市生态文明发展水平较为落后，经济增长动力因素不足，资源有效利用力度有所欠缺。因此各省市城市在生态文明发展过程中，应互相学习，相互借鉴成功案例，吸取经验，不断提高整体水平。

3. 安徽省省会合肥市生态文明发展水平居省会城市第五名，生态发展水平较好

从第三章的结论可以得知，安徽省生态文明发展状况一般，有待改进。安徽省省会合肥市生态文明发展水平居11个省会城市的第五位，发展

水平属于中游偏上，发展状况良好，安徽省其他各市生态文明发展水平一般，这表明安徽省区域发展不协调，安徽省政府应利用各地市经济与环境特点，统筹规划，制定合理的政策措施，进一步加强安徽省整体生态文明发展水平。

4. 南京市生态文明综合评价最优，六盘水市生态文明综合得分最差

通过对比可以得知，南京市生态文明综合得分最低，为 0.2822，故其生态文明评价最优，这与南京市经济发展水平较高相关；贵州省的六盘水市生态文明综合得分最高，故其生态文明评价最差，且较长江经济带其余市有一定差距，这与贵州省较为偏远的地理劣势与经济发展较差相关。贵州省省会贵阳市生态文明综合排名居长江经济带 11 个省会城市的第十位，说明贵州省整体生态文明发展水平较差，这与第二章的结论类似。从整体来看，排名前五的城市分别是南京市、武汉市、南昌市、长沙市和遵义市，排名最差的后五名城市分别是六盘水市、保山市、衢州市、玉溪市和临沧市。

二、建议

1. 加快长江经济带城市生态文明发展

长江经济带城市生态文明发展水平存在很大发展空间，各城市要努力倡导"既要绿水青山，也要金山银山""绿水青山就是金山银山"的新理念，爱护环境、节约资源，顺应和保护大自然，加大环保资金投入和科技教育经费的支出，促进产业转型升级，更好地创建经济、政治、文化、社会、生态文明五位一体的和谐新社会。各城市应做到以下四个方面：（1）强化生态保护意识。意识形态的形成是任何发展的前提，对于城市生态文明发展而言更是如此。生态文明建设是社会公众的共同责任，要建立一套生态教育机制、生态行为规范和生态消费模式，推动生态文明成为社会主流价值观，让生态文明意识成为社会各界的行动自觉。（2）增强生态监管机制，优化考核制度。强化生态文明建设责任并建立健全完善的生态文明考核机制，需要将经济发展与生态文明评价有机结合起来，做到绿色发展。（3）提高试点项目的示范效应。推进城市生态文明建设应充分发挥已有的国家级和省级示范项目的引领作用，并支持其他有条件的地区申报国家级和省级生态文明各类示范项目。(4) 加快产业调整步伐。在供给侧结构性改革的大背景下，各城市应加快产业调整步伐，建设生态产业体系，构建节约环保的产业结构。

2. 长江经济带城市生态文明区域发展应因地制宜、协调发展

通过本章评价分析可知，长江经济带上中下游的城市生态文明发展水平差异明显，这与自然禀赋、历史因素和国家相关政策有关，但是要想提高长江经济带生态文明发展水平，应该从整体出发，统筹规划，找出区域生态文明发展问题就显得尤为重要了。因此相关政府应制定相应措施，从区域发展的角度找到长江经济带上中下游城市生态文明发展的优劣势，发挥优势项目，弥补劣势。例如，从生态文明角度来说，长江经济带上游地区经济发展水平较为落后，驱动力与压力等明显落后，这就要求各地方政府和相关研究人员发掘经济发展动力因素，尽量在确保环境可持续发展的情况下，使地方经济能够快速稳定地发展。而下游地区由于经济状况较优，较多发达城市能够带动周边城市经济，因此现阶段最主要的生态文明发展目标便是在确保经济稳定运行的情况下，能够使资源得到有效利用，提高资源利用效率，加大环境保护，控制污染排放，实现环境效应最大化。中游地区在保持经济增长的同时，还应加强环境保护措施，确保可持续发展。

应制定好长江流域生态经济发展规划，加强区域人才、技术和资金流动，让先进的流域管理和流域生态等理念从下游区域向中、上游区域转移，消除各城市间的同质竞争，实现长江经济带生态文明实现一体化发展，为经济和资源环境协调发展提供良好的环境，有利于各城市生态文明的改善。

3. 安徽省应加大生态文明发展力度，提高生态文明发展水平

安徽省在城市生态文明发展的过程中存在很多不足，与长江经济带生态文明发达地区水平有不小的差距，因此必须重视和加强生态文明建设，确保在发展过程中，实现生态环境与经济环境的双发展，既要有"金山银山"，也要有"绿水青山"。这要求各地方政府积极利用自身特点，着力推进优势的发展，弥补不足，不断提高整体生态发展水平。

第七章

长江经济带城市生态文明
综合评价分析

本章采用层次分析法，从生态资源投入、生态经济发展、生态环境保护三个方面分析，构建"多系统一体"评价体系，对长江经济带108个城市生态文明建设状况进行动态评价分析，最后提出政策性建议。

第一节 引言

诸多学者已经对生态文明发展评价进行了深入研究，选取指标包括经济指标与环境指标，也有学者选取了自然、经济、社会三方面的指标并进行了协调度计算，其中 Zhang X. P. 等测度了中国 285 个城市的资源环境效率，发现技术效率是影响我国城市资源环境效率的主要因素，城市收入水平与资源环境效率呈"U"型关系；马世俊、王如松（1984）提出的"社会—经济—自然"复合生态系统理论由于其内涵广泛、重视系统间的相互协调等优点，成为我国生态文明建设的经典理论，为诸多学者应用和借鉴；卢丽文等（2014）通过构建经济发展质量、社会生活发展质量、生态环境质量指标体系，运用动态因子分析方法对长江中游城市群 2004～2011 年城市质量进行了评价，运用空间自相关方法分析了城市群内各个城市间城市质量的空间溢出效应，认为要加快中小城市建设，推动经济、基础设施、社会事业与公共服务设施一体化建设等提高城市群质量；秦尊文（2013）结合党的十八大报告关于社会主义生态文明建设的阐述，提出进一步生态文明理念推进长江中游城市群又好又快发展，打造"美丽中国"，认为长江中游城市群要共建"中国绿心"，保障生态安全，要推进产业生态化，加强生态文明制度建设，实现绿色中部崛起。

从已有的生态文明发展研究来看，有学者对长江经济带主要城市生态效率及绿色效率发展做了研究，但是对长江经济带城市进行系统的生态文明发展综合评价分析并不多见，本章对长江经济带 108 个城市生态文明发展进行综合评价分析。

第二节　生态文明评价指标的建立

对长江经济带城市的综合评价应脱离过去单方面的追求某个指标进行评价的体系，建立从多个维度科学综合反映各个城市多个发展水平的指标评价体系。对于多维度指标体系的评价核心思想与评价方法现已十分丰富，从整体上而言大致分为两类：一类为专家主观评价；另一类则为数据客观统计分析，也包括综合了多种方法进行评估核算的模式。特别，指标体系评估标准的确立也至关重要，这也是衡量一个地区生态文明建设概况的参考因素，能为决策者提供有效的指导。目前具体研究领域使用得比较普遍的方法有：（1）按国家已确立的标准来执行，强调标准的明确化、权威性；（2）借鉴国内外发展较好地区城市实际发展过程中确立的评定指标标准，并明确自身的目标值；（3）依据现有资源环境承载力测算阈值作为参考值；（4）目前由于存在部分具有重要意义指标数据难以获取的状况，用类似指标替代。本章基于上述原则，从生态资源投入、生态经济发展与生态环境保护等三个方面建立长江经济带城市生生态文明建设的多层次多指标评价体系，具体评价体系如表7–1所示。

表 7 – 1　　　　　　　　　　　长江经济带城市评价指标体系

目标层	准则层	指标层	评价意义
长江经济带城市生态文明综合评价体系	生态资源投入	每万人医疗机构床位数（张/万人）	评价生态城市各种资源的投入状况
		人均供水量（吨/人）	
		居民人均生活用水量（吨/人）	
		人均城市建设用地面积（平方米/人）	
		一般工业固体废物综合利用率（%）	
	生态经济发展	第三产业占 GDP 的比重	评价生态城市经济发展状况
		人均地区生产总值（元）	
		人口自然增长率（‰）	
	生态环境保护	人均工业废水排放量（吨/人）	评价生态城市发展过程中对环境的影响
		污水处理厂集中处理率（%）	
		生活垃圾无害化处理率（%）	
		每万元 GDP 工业二氧化硫排放量（千克/万元）	
		人均公园绿地面积（平方米每人）	

　　生态资源是生态文明建设的基础，资源的丰富决定生态文明建设发展程度。根据指标的可获得性原则，结合长江经济带生态文明建设的资源基础特征，用此以下五个指标来衡量每个城市发展过程中资源的投入情况，具体包括每万人医疗机构床位数、人均供水量、居民人均生活用水量、人均城市建设用地面积、一般工业固体废物综合利用率。

　　经济是城市发展的根本，是衡量一个城市发展程度的重要指标，只有在经济发展到一定程度的前提下，城市人民的生活才能得到改善，人们所追求的生态效率才有意义。尤其对于中国这样的发展中国家而言，尽管生态文明发展被提上日程，仍然不能放弃追求人民经济水平提高的目标。之所以推动生态文明建设，是为了将人与自然和谐相处做到更好，做到可持续发展。而进行生态文明建设的最终目的还是提高人民的生活水平与质量，满足人民美好生活的向往追求。综合考虑，本章选择第三产业占 GDP 的比重、人均地区生产总值和人口自然增长率三大经济指标来反映城市发展经济水平和衡量城市人民的生活水平。

　　城市发展过程中不可避免对环境造成污染，优化环境质量是生态文明建设的措施，控制污染物的排放则是生态文明建设过程中重要的环节。本章根据指标数据的可获取性选取人均工业废水排放量、污水处理厂集中处理率、生活垃圾无害化处理率、每万元GDP工业二氧化硫排放量和人均公园绿地面积作为污染程度的测算指标。

第三节　数据来源和模型的建立

一、数据来源与处理

长江经济带是我国的一级流域经济带，也是一个城市经济带。它横跨我国东中西部三大地带，是我国"T"形空间开发战略中一条重要轴线，在我国区域空间发展战略中占据极为重要的地位，该地区的城市生态文明发展是长江经济带发展的重要方面。本章研究对象是长江经济带城市生态文明发展状况，长江经济带覆盖江苏省、浙江省、安徽省、江西省、湖北省、湖南省、四川省、云南省、贵州省和上海市、重庆市，具体涵盖106个地级市和2个直辖市，所采用的是各城市2015年数据，数据来源于相应的城市统计年鉴。具体如表7-2所示。

表7-2　　　　长江经济带城市生态文明指标最优值、最差值

指标	属性	最优值	最差值
每万人医疗机构床位数（张/万人）	效益型	106（绍兴市）	25（亳州市）
人均供水量（吨/人）	效益型	211.29（上海市）	2.69（昭通市）
居民人均生活用水量（吨/人）	成本型	66.93（上海市）	1.7358（昭通市）
人均城市建设用地面积（平方米/人）	效益型	1.9898（上海市）	0.0486（雅安市）
一般工业固体废物综合利用率（%）	效益型	98（遂宁市）	36（咸宁市）
第三产业占GDP的比重（%）	效益型	67.76（上海市）	24.17（内江市）
人均地区生产总值（元）	效益型	136702（苏州市）	15706（巴中市）
人口自然增长率（千分之）	效益型	27.75（安顺市）	-4.53（雅安市）
人均工业废水排放量（吨/人）	成本型	119.34（绍兴市）	0.4327（巴中市）
污水处理厂集中处理率（%）	效益型	98（遂德阳市）	35.97（攀枝花市）
生活垃圾无害化处理率（%）	效益型	96.89（南京市）	42.28（荆州市）
每万元GDP工业二氧化硫排放量（千克/万元）	成本型	0.0126（扬州市）	0.00019（长沙市）
人均公园绿地面积（平方米/人）	效益型	14.3274（南京市）	0.3552（昭通市）

注：由于上海市与重庆市是我国的直辖市，各项指标均明显高于各地级市，因此在数据处理时与其他的地级市区别开单独处理，处理方法相同。

二、指标数据归一化处理

由于选取的是 2015 年长江经济带各个地级市生态文明指标，每个指标的单位的不同，以及在数量级及差别很大，因此必须找到消除这些差异的中间变量使原始数据具有可比性。本章利用熵值法的归一化处理方法对 2015 年所选取的 108 个城市每个指标值进行预处理，具体做法如下：

对于越大越好的指标

$$X'_{ij} = \frac{X_{ij} - \min(X_{1j}, X_{2j}, \cdots, X_{nj})}{\max(X_{1j}, X_{2j}, \cdots, X_{nj}) - X_{ij} - \min(X_{1j}, X_{2j}, \cdots, X_{nj})} \qquad (7-1)$$

对于越小越好的指标

$$X'_{ij} = \frac{\max(X_{1j}, X_{2j}, \cdots, X_{nj}) - X_{ij}}{\max(X_{1j}, X_{2j}, \cdots, X_{nj}) - X_{ij} - \min(X_{1j}, X_{2j}, \cdots, X_{nj})} \qquad (7-2)$$

其中，$i = 1, 2, \cdots, n$；$j = 1, 2, \cdots, m$。这样做出来的结果便是各个城市发展的相对水平，便于数据分析处理。选取的 13 个指标根据属性的不同，可分为效益型指标和成本型指标，效益型指标的含义是在进行综合评价时，此指标值越大越优，成本型指标则越小越好。

三、指标层的赋权

本章采用层次分析法建立了 1 个目标层，3 个准则层和 13 个指标层，可以将 3 个准则层设为 $C_i (i = 1, 2, 3)$，13 个指标层为 $C_{ij} (i = 1, 2, 3, j = 1, 2, 3)$，设每个指标的权重为 $y_{ij} (i = 1, 2, 3, j = 1, 2, 3,)$，且其中有 $\sum_{j=1}^{5} y_{ij} = 1, (i = 1, 2, 3, j = 1, 2, 3,)$，层次分析法的建模流程如下：

（1）对数据进行预处理，消除量纲的影响，进行归一化，得到指标层的评价值 $C_{ij} (i = 1, 2, 3, j = 1, 2, 3,)$；

（2）对每一个指标进行附权，准则层的评价采用指标层各指标的综合评价，有 $C_i = C_{i1} y_{i1} + C_{i2} y_{i2} + \cdots + C_{i4} y_{i4}$，$i = 1, 2, 3$；

（3）最后进行目标层的综合评价，目标层评价采用各准则层取均值开放式评价，有 $C = \sum_{i=1}^{4} \sum_{j=1}^{4} C_{ij}, i = 1, 2, 3, j = 1, 2, 3$。

最终得到各指标的权重见表 7 – 3。

表 7 – 3　　　　长江经济带城市生态文明建设指标层各指标权重

目标层	准则层	指标层	属性	权重
长江经济带生态文明综合评价体系	生态资源投入	每万人医疗机构床位数（张/万人）	效益型	0.0667
		人均供水量（吨/人）	效益型	0.0896
		居民人均生活用水量（吨/人）	成本型	0.0826
		人均城市建设用地面积（平方米/人）	效益型	0.0634
		一般工业固体废物综合利用率（%）	效益型	0.0184
	生态经济发展	第三产业占 GDP 的比重（%）	效益型	0.0181
		人均地区生产总值（元）	效益型	0.0449
		人口自然增长率（‰）	效益型	0.0702
	生态环境治理	人均工业废水排放量（吨/人）	成本型	0.0768
		污水处理厂集中处理率（%）	效益型	0.0102
		生活垃圾无害化处理率（%）	效益型	0.0095
		每万元 GDP 工业二氧化硫排放量（千克/万元）	成本型	0.0745
		人均公园绿地面积（平方米/人）	效益型	0.0698

第四节　实证结果分析

一、准则层评价结果分析

各个城市在 3 个准则层上的得分及其排名如表 7 – 4、表 7 – 5、表 7 – 6 所示。

表 7－4　　　　　长江经济带 108 个城市的生态资源投入得分及排名

城市	得分	排名	城市	得分	排名	城市	得分	排名
南京	27.496	1	连云港	26.574	32	宜宾	25.912	63
武汉	27.438	2	株洲	26.522	33	衢州	25.898	64
苏州	27.430	3	岳阳	26.493	34	舟山	25.883	65
上海	27.430	4	宿迁	26.486	35	永州	25.868	66
杭州	27.360	5	湘潭	26.464	36	黄冈	25.823	67
成都	27.354	6	攀枝花	26.422	37	铜陵	25.796	68
宁波	27.349	7	金华	26.416	38	邵阳	25.795	69
无锡	27.346	8	湖州	26.391	39	阜阳	25.790	70
长沙	27.265	9	遵义	26.379	40	鄂州	25.776	71
合肥	27.241	10	黄石	26.372	41	宿州	25.739	72
南通	27.225	11	蚌埠	26.369	42	宜春	25.693	73
绍兴	27.198	12	赣州	26.324	43	德阳	25.672	74
徐州	27.190	13	十堰	26.323	44	淮北	25.663	75
常州	27.188	14	绵阳	26.310	45	滁州	25.641	76
昆明	27.175	15	九江	26.298	46	玉溪	25.640	77
南昌	27.171	16	曲靖	26.178	47	益阳	25.639	78
贵阳	27.158	17	荆州	26.169	48	萍乡	25.633	79
重庆	27.088	18	常德	26.161	49	上饶	25.591	80
温州	27.076	19	咸宁	26.129	50	抚州	25.579	81
扬州	26.897	20	郴州	26.073	51	吉安	25.552	82
襄樊	26.893	21	安庆	26.071	52	六安	25.482	83
淮安	26.827	22	泸州	26.069	53	怀化	25.479	84
台州	26.803	23	孝感	26.057	54	自贡	25.418	85
镇江	26.775	24	淮南	26.037	55	昭通	25.398	86
泰州	26.735	25	南充	26.033	56	安顺	25.385	87
芜湖	26.735	26	荆门	26.029	57	广元	25.347	88
盐城	26.728	27	娄底	25.996	58	内江	25.335	89
嘉兴	26.700	28	乐山	25.996	59	遂宁	25.284	90
宜昌	26.690	29	达州	25.995	60	景德镇	25.245	91
衡阳	26.664	30	新余	25.988	61	宣城	25.239	92
马鞍山	26.600	31	六盘水	25.979	62	眉山	25.232	93

城市	得分	排名	城市	得分	排名	城市	得分	排名
丽水	25.133	94	广安	25.001	99	临沧	24.768	104
巴中	25.106	95	随州	24.997	100	雅安	24.753	105
亳州	25.085	96	保山	24.948	101	丽江	24.702	106
资阳	25.085	97	黄山	24.876	102	鹰潭	24.671	107
池州	25.054	98	普洱	24.775	103	张家界	24.584	108

表 7 - 5　　　　　**长江经济带 108 个城市的生态经济发展得分及排名**

城市	得分	排名	城市	得分	排名	城市	得分	排名
苏州	10.508	1	淮安	10.112	24	安庆	9.961	47
上海	10.494	2	嘉兴	10.105	25	宜宾	9.959	48
武汉	10.458	3	襄樊	10.100	26	泸州	9.957	49
杭州	10.328	4	宜昌	10.099	27	蚌埠	9.957	50
南京	10.328	5	金华	10.066	28	阜阳	9.952	51
成都	10.309	6	连云港	10.064	29	孝感	9.949	52
宁波	10.286	7	衡阳	10.024	30	德阳	9.949	53
无锡	10.269	8	芜湖	10.010	31	达州	9.946	54
长沙	10.245	9	岳阳	10.007	32	马鞍山	9.941	55
南通	10.244	10	常德	10.006	33	十堰	9.937	56
徐州	10.232	11	宿迁	10.006	34	黄冈	9.936	57
合肥	10.221	12	株洲	10.004	35	上饶	9.934	58
昆明	10.209	13	遵义	10.001	36	邵阳	9.932	59
常州	10.188	14	湖州	9.999	37	黄石	9.926	60
温州	10.180	15	重庆	9.998	38	宜春	9.922	61
盐城	10.157	16	赣州	9.996	39	乐山	9.921	62
绍兴	10.151	17	绵阳	9.996	40	滁州	9.921	63
南昌	10.147	18	九江	9.989	41	益阳	9.919	64
扬州	10.143	19	郴州	9.983	42	荆门	9.916	65
贵阳	10.136	20	曲靖	9.982	43	玉溪	9.915	66
镇江	10.134	21	湘潭	9.977	44	六盘水	9.915	67
台州	10.120	22	荆州	9.977	45	六安	9.914	68
泰州	10.112	23	南充	9.963	46	自贡	9.910	69

续表

城市	得分	排名	城市	得分	排名	城市	得分	排名
衢州	9.910	70	新余	9.889	83	昭通	9.864	96
舟山	9.910	71	萍乡	9.886	84	黄山	9.863	97
永州	9.907	72	亳州	9.883	85	广元	9.863	98
怀化	9.906	73	攀枝花	9.880	86	安顺	9.856	99
娄底	9.905	74	宣城	9.878	87	池州	9.855	100
内江	9.902	75	广安	9.878	88	鹰潭	9.852	101
资阳	9.898	76	遂宁	9.876	89	保山	9.845	102
淮南	9.897	77	景德镇	9.876	90	普洱	9.844	103
宿州	9.895	78	眉山	9.875	91	临沧	9.843	104
吉安	9.895	79	淮北	9.874	92	巴中	9.840	105
丽水	9.892	80	铜陵	9.869	93	雅安	9.830	106
咸宁	9.890	81	鄂州	9.867	94	张家界	9.825	107
抚州	9.889	82	随州	9.865	95	丽江	9.906	108

表 7-6　　长江经济带 108 个城市的生态环境保护得分及排名

城市	得分	排名	城市	得分	排名	城市	得分	排名
苏州	30.028	1	赣州	27.175	16	遵义	26.664	31
上海	27.496	2	盐城	27.171	17	武汉	26.600	32
南京	27.438	3	宁波	27.158	18	鄂州	26.574	33
无锡	27.430	4	湘潭	27.088	19	连云港	26.522	34
常州	27.430	5	萍乡	27.076	20	内江	26.493	35
杭州	27.360	6	绍兴	26.897	21	重庆	26.486	36
合肥	27.354	7	荆门	26.893	22	怀化	26.464	37
马鞍山	27.349	8	宜春	26.827	23	金华	26.422	38
六盘水	27.346	9	南通	26.803	24	乐山	26.416	39
徐州	27.265	10	芜湖	26.775	25	滁州	26.391	40
衢州	27.241	11	玉溪	26.735	26	宣城	26.379	41
新余	27.225	12	嘉兴	26.735	27	宜宾	26.372	42
曲靖	27.198	13	黄石	26.728	28	郴州	26.369	43
攀枝花	27.190	14	娄底	26.700	29	贵阳	26.324	44
九江	27.188	15	衡阳	26.690	30	淮南	26.323	45

城市	得分	排名	城市	得分	排名	城市	得分	排名
湖州	26.310	46	孝感	25.868	67	咸宁	25.347	88
上饶	26.298	47	扬州	25.823	68	株洲	25.335	89
达州	26.178	48	安顺	25.796	69	蚌埠	25.284	90
镇江	26.169	49	安庆	25.795	70	泸州	25.245	91
益阳	26.161	50	吉安	25.790	71	普洱	25.239	92
宿迁	26.129	51	襄樊	25.776	72	亳州	25.232	93
成都	26.073	52	温州	25.739	73	自贡	25.133	94
永州	26.071	53	阜阳	25.693	74	临沧	25.106	95
南昌	26.069	54	广安	25.672	75	广元	25.085	96
岳阳	26.057	55	抚州	25.663	76	十堰	25.085	97
昆明	26.037	56	德阳	25.641	77	鹰潭	25.054	98
淮安	26.033	57	景德镇	25.640	78	雅安	25.001	99
泰州	26.029	58	黄冈	25.639	79	丽江	24.997	100
铜陵	25.996	59	丽水	25.633	80	随州	24.948	101
常德	25.996	60	昭通	25.591	81	张家界	24.876	102
六安	25.995	61	长沙	25.579	82	舟山	24.775	103
宜昌	25.988	62	台州	25.552	83	南充	24.768	104
荆州	25.979	63	保山	25.482	84	资阳	24.753	105
淮北	25.912	64	池州	25.479	85	遂宁	24.702	106
宿州	25.898	65	绵阳	25.418	86	黄山	24.671	107
邵阳	25.883	66	眉山	25.385	87	巴中	24.584	108

　　从资源投入来看，排名在前5名的城市分别为南京市、武汉市、苏州市、上海市和杭州市，这5座城市均为一线发达城市，拥有得天独厚的地理位置和资源投入。在排名靠后的城市中我们发现3个著名旅游景区（黄山、张家界和丽江）均存在资源投入严重不足的情况。从经济发展情况分析，每个城市的经济发展基本与资源投入有较强的关系，资源投入越多，经济发展越好。从每个城市的环境得分可以看到，在经济和资源排名靠前的城市中出现了部分城市的环境不理想状况，其中成都在资源投入和经济发展中的排名均为第六名，但是在环境排名中却排到了第52位，长沙在资源投入和经济发展的排名中也均在前9名，但在环境排名为82位，说明这

两座城市过去的发展处于粗放式的发展模式，环境保护意识不足，需要向绿色发展模式转型。3个著名旅游景点城市张家界、丽江和黄山均靠旅游业来带动经济的发展，政府虽大力发展当地旅游业，但是忽略了对当地各项资源的投入，导致3个地方的经济发展相对滞后，同时也会造成生态环境治理与保护投入有限，无法有效地加大对环境治理与保护的投入。在生态环境准则层中，生态的得分为负相关因素，一个城市的得分越低，说明该城市的污染越小，环境保护和节约资源工作做得越好。得分最低的五个城市为苏州市、上海市、南京市、无锡市和常州市，前5名中江苏省占4个城市，说明江苏省的整体环境保护做得出色，明显优于长江经济带其他城市。依靠旅游业发展经济的张家界、丽江和黄山在生态环境排名分别为102名、100名和107名，污染相对严重，说明这3个城市在资源环境保护做得不够好。生态生活的排名与资源和经济紧密相关，只有经济得到了发展，人们的生活才能过得更好，才能更关注环境保护，才有更多资金投入到环境治理与保护，也只有环境质量优良，人们生活的质量更高。

二、指标层分析

根据各指标层权重，利用各指标值的评价值可得到108个城市的综合评价值。结果如表7-7所示。

表7-7 长江经济带108个城市综合得分及排名

城市	得分	排名	城市	得分	排名	城市	得分	排名
武汉	76.607	1	南通	76.407	10	贵阳	76.284	19
苏州	76.601	2	昆明	76.388	11	台州	76.235	20
上海	76.598	3	温州	76.387	12	襄樊	76.232	21
成都	76.583	4	徐州	76.380	13	盐城	76.196	22
南京	76.577	5	合肥	76.361	14	泰州	76.074	23
杭州	76.554	6	南昌	76.323	15	镇江	76.044	24
宁波	76.491	7	绍兴	76.322	16	淮安	76.026	25
长沙	76.477	8	扬州	76.297	17	宜昌	75.958	26
无锡	76.419	9	常州	76.285	18	株洲	75.931	27

城市	得分	排名	城市	得分	排名	城市	得分	排名
金华	75.915	28	郴州	75.251	55	九江	74.653	82
嘉兴	75.906	29	邵阳	75.206	56	淮北	74.636	83
重庆	75.903	30	黄山	75.199	57	滁州	74.634	84
岳阳	75.753	31	亳州	75.198	58	临沧	74.625	85
连云港	75.752	32	随州	75.163	59	普洱	74.571	86
衡阳	75.734	33	宜宾	75.111	60	雅安	74.567	87
宿迁	75.730	34	达州	75.105	61	张家界	74.550	88
绵阳	75.729	35	巴中	75.080	62	池州	74.517	89
南充	75.723	36	赣州	75.064	63	铜陵	74.506	90
芜湖	75.690	37	湘潭	75.058	64	丽江	74.482	91
常德	75.644	38	抚州	75.058	65	保山	74.415	92
十堰	75.624	39	广元	75.047	66	怀化	74.385	93
蚌埠	75.605	40	丽水	75.047	67	曲靖	74.343	94
泸州	75.597	41	眉山	74.927	68	安顺	74.325	95
湖州	75.586	42	吉安	74.927	69	娄底	74.220	96
舟山	75.578	43	宿州	74.915	70	内江	74.205	97
荆州	75.568	44	六安	74.890	71	宜春	74.146	98
遵义	75.520	45	永州	74.881	72	荆门	74.123	99
安庆	75.463	46	上饶	74.876	73	宣城	74.123	100
自贡	75.402	47	乐山	74.812	74	玉溪	74.062	101
孝感	75.369	48	黄石	74.807	75	鄂州	73.956	102
资阳	75.362	49	景德镇	74.760	76	攀枝花	73.945	103
黄冈	75.344	50	益阳	74.717	77	衢州	73.880	104
阜阳	75.325	51	鹰潭	74.702	78	马鞍山	73.837	105
德阳	75.306	52	昭通	74.700	79	萍乡	73.802	106
咸宁	75.301	53	淮南	74.681	80	新余	73.727	107
遂宁	75.278	54	广安	74.679	81	六盘水	73.626	108

从各城市的得分及排名可以看出，在长江经济带城市中生态文明表现较好的前6个城市分别为武汉市、苏州市、上海市、成都市、南京市和杭州市。这6个城市的综合得分均在76.5分以上（其中武汉和苏州的得分在76.6分以上），生态文明发展相对较好，反映其城市经济与资源、

环境等方面协调发展表现较好。但是，在 108 个城市中，只有 10 个城市的得分在 76.4 分以上，绝大城市得分在 76.4 分以下，因此可以看出城市之间生态文明协同发展能力整体水平还不高。得分高的这些城市投入产出水平较高，资源的利用效率和环境保护方面相对优于其他效率水平低的城市。在 108 个城市中，大部分城市的生态文明发展状态处于相对落后水平，整个长江经济带城市的生态文明发展水平还有待提高，长江经济带城市在资源节约、经济可持续发展、环境保护等方面改善还有很长的路要走。

像武汉市、苏州市、上海市等中心一线城市，由于经济基础雄厚，在环境治理与保护方面有保障，成为生态文明相对较优的城市比较容易，但是值得注意的是，一些城市规模和经济发展水平并不是很高的城市，如徐州市、贵阳市、南通市等，综合得分也居于前列，说明这些城市在投入产出规模、技术利用和污染排放方面相对于其他城市是更均衡的，也说明了这些城市在经济发展过程中，注重生态文明的发展，并不是盲目追求城市规模的扩张或 GDP 总量的增加。

为了比较长江经济带各省域的城市生态文明发展状况，这里对每个省的城市生态文明得分进行整理如表 7-8 所示，可以看出上海在长江经济带 11 个省市的得分均值中最优，这是由于上海市是直辖市，拥有较好的地理位置，经济发展迅速，注意环境保护，因此生态文明得分明显高于其他各省市。其次是江苏省、重庆市和浙江省，得分均值在 75.5 分以上，生态文明发展较好。其余省份得分均值均介于 74.5 ~ 75.5 分。11 个省（市）的生态文明发展虽有差异，但总体上差别并不大。从整体均值来看，长江经济带下游城市的生态文明发展明显好于上游和中游，下游的上海市、江苏省和浙江省在整个长江经济带发展中具有举足轻重的作用，也使得下游生态文明发展水平明显高于中上游；上游和中游的生态文明发展水平相当，都需要向下游城市学习生态环境管理经验与技术来进一步提高生态发展水平。长江经济带城市生态文明发展空间潜力巨大，必须把重点放在中上游地区，实行上中下游联动，实现下游的资金、技术、人才等要素向中上游流动，下游的产业向中上游地区有序地转移，以此来缩小各城市之间的差异。

表7-8　　　　　　　　长江经济带每个省份城市得分均值

省　　市	得　　分	省　　市	得　　分
上海市	76.598	贵州省	74.939
江苏省	76.191	云南省	74.769
重庆市	75.903	江西省	74.731
浙江省	75.809	整体均值	75.427
湖北省	75.463	上游均值	75.178
湖南省	75.216	中游均值	75.137
四川省	75.102	下游均值	75.661
安徽省	74.974	—	—

安徽省城市生态文明建设在长江经济带中11个省市中，处于第九位，经济相对不发达，同时面临较严峻的生态环境保护形势，未来各城市首先坚持"生态保护、绿色发展"，根据自身发展特点，发挥比较优势，积极推进经济发展，尽力提高人民生活水平，同时有更多的资源投入到生态环境治理与保护，形成良性循环发展。同时要积极向生态文明发展水平高的省市学习借鉴生态管理经验与生态技术，尽快提高自身生态治理与环保水平。

第五节　结论与建议

一、结论

本章通过对长江经济带城市的生态文明发展分析，可以发现不同城市的生态文明发展程度差异较大。通过每个城市的生态资源投入—生态经济发展—生态环境保护三个方面的数据，运用层次分析法和熵值法对长江经济带所有108个城市在2015年的数据进行生态文明发展评价，得到以下结论：

第一，长江经济带所有城市中，一线城市（上海市、武汉市、南京市、杭州市）的生态文明发展程度明显高于二、三线城市，生态文明建设在一线城市已经取得较好的效果。同时，各城市之间的生态文明发展水平仍然存在一定的差异，部分省份内部城市之间的差异也很明显（浙江省的杭州市与衢州市、湖北省的武汉市与黄石市等）。而且，在指标层上分析时，可以发现部分经济发展不错的城市在生态环境中的排名出现了相对落后的情况，如成都、长沙在经济发展和资源投入上排名均在前列，但是在生态环境保护中却分别排在了 52 位、82 位，反映其环境的保护意识与相关措施亟待加强。

第二，长江经济带上游、中游与下游的经济发展不平衡导致不同地区生态文明进程有一定的差异，其中下游城市生态文明建设好于上游和中游，下游城市包含上海、江苏、浙江和安徽，其中上海、江苏和浙江在生态文明建设上已经取得了优异的成绩，因而整体下游水平明显好于上游与中游。

第三，在不同的指标上进行分析时我们发现，在长江经济带的城市中，3 个著名旅游景点（黄山、丽江和张家界）的排名均比较靠后，不论是在资源投入、经济发展还是环境保护上，旅游景区均落后于其他城市，景区城市的生态文明发展亟待改进。

二、政策建议

基于以上分析，本章提出以下建议：

第一，长江经济带区域各级政府认真领会中央长江经济带战略的精神，特别重视生态优先、绿色发展。根据统筹协调发展与因地制宜的原则，建立健全长江经济带生态文明建设制度，把生态文明建设水平作为政绩考核的重要标准之一。政府部门应该带头注意节约资源、保护环境，倡导绿色消费，大兴绿色文化之风。让企事业单位与居民能够认识到要想全面发展，不能仅仅依靠于经济发展，而应该更多地将关注度转向资源和环境。如若由于天然的资源劣势，那么在发展过程中就应当注重资源保护投资力度与可持续发展的理念，使资源和环境能够得到更加合理地利用。特别是生态文明各方面水平都较为落后，需要抓住自身的相对优势发展，带动各方面进步，使其综合水平逐步提高。

第二，一线城市的生态文明发展对于二、三线城市后续发展有极其重要的借鉴作用，对二、三线城市的发展，一方面，需要政府更多的资源投入进行环境治理与生态保护；另一方面，也需要自身在发展的同时注意转变经济发展方式，尽可能避免对环境造成不良影响，要大力提倡绿色高效的发展方式。

第三，利用长江经济带下游城市经济发展的有利条件，采取联动发展办法带动长江中上游城市的经济发展，缩小上下游之间的差距。尤其在上游地区的几个省份如四川、贵州等地，由于在地理位置上这些城市比较偏僻，在经济发展和资源利用上存在一定的局限性，导致整个上游生态文明发展水平不高，生态文明发展进程缓慢。政府可以把重点放在中上游地区，实行上中下游联动，实现下游的资金、技术、人才等要素向中上游流动，下游的产业向中上游地区有序地转移，以此来缩小长江经济带城市之间的差异。

第四，在旅游风景区的发展上应当采取必要的措施，实行旅游业与其他产业协同发展，促进当地的经济更好更快的发展。同时应该认识到旅游不适当的发展给当地环境造成的破坏，因此发展旅游业的同时，要加强对环境进行保护，采取必要措施对已经破坏了的环境进行修复，同时政府应该加强资源的投入，宏观上调控好经济的发展，做到既可以依靠景区优势发展旅游业，同时带动相关产业的发展。

第八章

长江经济带城市生态效率评价

本章采用 SBM 模型评价长江经济带城市生态效率，并进行比较分析，进而研究其生态效率收敛性，最后针对生态协调发展提出建议。

第一节　测度方法

目前常用的评价生态效率方法就是使用数据包络分析方法，DEA 是由查恩斯（Charnes）和库普尔（Cooooper）最先提出的一种评价决策单元相对效率的方法。该方法不需要事先设定模型的具体形式和估计的参数，从而可以避免人为主观确定权重对测算结果的影响，因此在生态效率评价研究中得到了广泛的应用。如果假设有 K 个决策单元，每一个决策单元有 N 种投入 X、M 种期望产出 Y 和 I 种非期望产出 U，那么生态效率的 DEA 评价模型就可以表示为：

$$
\begin{cases}
\text{Min}\theta; \\
\text{s. t.} \\
\sum_{k=1}^{k} z_k x_{nk} \leq \theta x_{n0}, n = 1,2,\cdots,N; \\
\sum_{k=1}^{k} z_k y_{mk} \leq \theta y_{m0}, m = 1,2,\cdots,M; \\
\sum_{k=1}^{k} z_k u_{mk} \leq u_{i0}, i = 1,2,\cdots,I; \\
\sum_{k=1}^{k} z_k = 1, z_k \geq 0, \theta \leq 1
\end{cases}
\qquad (8-1)
$$

式（8－1）中，θ 就是要计算的生态效率，它的取值范围在 0 和 1 之间，当 θ 取 1 的时候，表明所要研究的决策单元的生态效率完全有效，而 x_{n0}、y_{m0}、u_{i0} 则分别表示所研究决策单元的投入、期望产出、非期望产出值向量；z_k 表示决策单元 $k=1,2,\cdots,K$ 时的权重，z_k 之和为 1 以及非负表示的是可变报酬的 DEA 模型，如果去掉此约束，则表示不变报酬的 DEA 模型。

传统的 DEA 方法实质上是属于径向的和角度的度量方法，这是其存在的一个致命的弱点。径向的 DEA 度量方法会造成投入要素的"拥挤"或者"松弛"的问题。如果存在投入或产出的非零松弛现象时，被评估对象的生产率就会被高估。而角度的 DEA 模型仅仅关注投入角度或者产出角度的某一个方面，这样就会导致结果的不准确性。

为了克服传统 DEA 的缺陷，托恩（Tone）提出了非径向、非角度 SBM 模型，它的基本形式为：

$$
\begin{cases}
\mathrm{Min}\rho = \dfrac{1 - \dfrac{1}{N}\sum\limits_{n=1}^{N} s_n^x/x_{n0}}{1 + \dfrac{1}{M+1}\left(\sum\limits_{m=1}^{M} s_m^y/y_{m0} + \sum\limits_{i=1}^{I} s_i^n/u_{i0}\right)}; \\
\text{s. t.} \\
\sum\limits_{k=1}^{K} z_k u_{nk} + s_n^x = x_{n0}, n = 1,2,\cdots,N; \\
\sum\limits_{k=1}^{K} z_k y_{mk} + s_m^y = y_{m0}, m = 1,2,\cdots,M; \\
\sum\limits_{k=1}^{K} z_k u_{mk} + s_i^u = x_{i0}, i = 1,2,\cdots,I; \\
\sum\limits_{k=1}^{K} z_k = 1; \\
z_k \geq 0; s_n^x \geq 0; s_m^y \geq 0; s_i^u \geq 0.
\end{cases}
\tag{8-2}
$$

式（8－2）中，s_n^x 和 s_i^u 分别表示投入和非期望产出的过剩，而 s_m^y 表示的是期望产出的不足，ρ 为要计算的生态效率的具体值，它的取值范围在 0 和 1 之间。当 ρ 取 1 的时候，决策单元完全有效率，此时 s_n^x、s_m^y、s_i^u，就不存在投入和非期望产出的过剩以及期望产出的不足；当 ρ 取小于 1 的时候，表示生产单元存在效率损失，此时可以通过优化投入量和产出量来改善生态效率。

从式（8-2）中可以看出，SBM 模型将投入和产出的松弛量（s_n^x、s_m^y、s_i^u）直接放入了目标函数中，这与 DEA 模型是不同的，这样可以直接测算松弛所带来的与最佳生产前沿相比较的无效率；与此同时也解决了非期望产出存在时的生产效率评价问题。而且非径向、非角度 SBM 模型的特点就是无量纲性和非角度，这样就可以减少量纲不同和角度选择不同而带来的误差，更能体现生产率评价的本质。

第二节 数据来源与指标选择

本章研究的是长江经济带 108 个城市（106 个地级市和 2 个直辖市，同前文）的 2004~2014 年的生态效率评价，其原始数据来源于相应年份《中国城市统计年鉴》《中国统计年鉴》。采用 DEA 方法评价长江经济带城市生态效率，就是把长江经济带的每个城市作为一个决策单元来研究，同时需要根据相关文献的指标体系选择最终确定本章的评价指标体系。针对区域层面的生态效率评价指标的选择，邱寿丰、诸大建（2007）根据我国国情构建的重要效率评价指标体系，包括土地使用、能源的消耗、水资源的消耗、原材料的消耗、二氧化硫排放量、废水排放量、劳动总量等，并在这些指标的基础上分析了我国生态效率的变化趋势。白世秀（2011）考虑数据的可得性和科学性，选择了能源的消耗、水资源的消耗、二氧化硫排放量、废水排放量、劳动总量等指标来监测黑龙江省的经济发展状况。黄和平、伍世安等（2010）选择了能源消耗、用水、建设用地、COD（化学需氧量）排放、二氧化硫排放、工业固体废弃物排放 6 项指标研究江西省资源环境综合绩效。相关文献的指标体系具体如表 8-1 所示。

这里在建立长江经济带城市的生态效率评价指标体系时，借鉴了现有文献研究成果，同时考虑了指标的科学性、统计资料的完整性和数据资源的可得性等实际情况，选择了经济类、资源类、环境影响类三大类指标来衡量系统的投入和产出。

表 8 – 1   区域生态效率评价指标体系表

作　者	产出指标	生态投入指标	
		资源投入	环境投入
邱寿丰、诸大建	GDP	土地 能源 水 原材料 劳动力	废气排放 废水排放 废固排放
白世秀	GDP	能源 劳动力	废水 废气 固废
黄和平、伍世安等	GDP	能源 水 建设用地	COD 排放 二氧化硫排放 工业固体排放

1. 经济类指标

该类指标是用来反映一个区域或地区在一定时间内所提供的产品和服务的经济价值，借鉴表 8 – 1 的做法，本章采用各地区的经济发展总量也就是地区生产总值。

2. 资源类指标

资源是指一国或一定地区内拥有的物力、财力、人力等各种物质要素的总称，包括自然资源和社会资源两大类，由生态效率的科学内涵和定义可知，本章所指的资源主要是自然资源。结合数据指标的科学性和可获得性，本章选取了和人类经济活动关联较大的三类自然资源来研究，分别是：土地、水、能源。其中用全社会用水量衡量水资源的消耗，用建设用地面积来表示对土地资源的消耗，用全社会能源消费量表示人类生产活动中对能源的消耗。

3. 环境影响类指标

环境影响类指标主要是衡量人类生产活动过程中的一些非期望产出对环境的污染程度。现实生活中主要选取"三废"的排放量（全社会废水排放总量、废气排放总量、固体废物排放总量）来衡量，但是在城市的统计年鉴中没有全社会固体排放总量的具体数据，所以这里就用二氧化硫排放量、烟尘排放量来表示废气的排放量，用全社会废水排放量来衡量废水的排放。

本章的指标体系选择如表 8 - 2 所示。

表 8 - 2　　　　　长江经济带城市生态效率评价指标体系

指标类型	指标类别	指标名称	指标代码	指标单位
投入指标	资源消耗类指标（R）	能源消费总量	R1	万吨标准煤
		全社会用水总量	R2	亿立方米
		建设用地面积	R3	平方千米
产出指标	环境影响类指标（E） （非期望产出）	废水排放量	E1	万吨
		二氧化硫排放量	E2	万吨
		烟尘排放量	E3	万吨
	经济类指标（G） （期望产出）	地区生产总值	G	亿元

第三节　长江经济带城市的生态效率测度分析

运用 SBM 模型，采用长江经济带 108 个城市 2004～2014 的具体指标数据，通过 MaxDEA6.0 版软件测算各城市生态效率，并算出其平均值，得到如下的结果，如表 8 - 3 所示。

表 8 - 3　　　　　长江经济带城市生态效率值及排名

城市	生态效率	排名	城市	生态效率	排名	城市	生态效率	排名
成都市	0.9235	1	昆明市	0.8527	11	连云港	0.6475	21
南昌市	0.9142	2	曲靖市	0.8478	12	南充市	0.6132	22
重庆市	0.9053	3	武汉市	0.8219	13	盐城市	0.5989	23
贵阳市	0.8964	4	遵义市	0.8076	14	株洲市	0.5873	24
合肥市	0.8943	5	扬州市	0.7933	15	眉山市	0.5853	25
常州市	0.8907	6	南京市	0.7791	16	乐山市	0.5741	26
杭州市	0.8771	7	广安市	0.7647	17	宜春市	0.5617	27
嘉兴市	0.8635	8	徐州市	0.7504	18	六安市	0.5479	28
镇江市	0.8628	9	宜昌市	0.7161	19	泰州市	0.5374	29
达州市	0.8546	10	舟山市	0.6818	20	宁波市	0.5299	30

城市	生态效率	排名	城市	生态效率	排名	城市	生态效率	排名
郴州	0.5287	31	邵阳	0.4303	57	黄山	0.2629	83
丽水	0.5241	32	蚌埠	0.4289	58	金华	0.2577	84
淮安	0.5154	33	赣州	0.4284	59	玉溪	0.2525	85
芜湖	0.5123	34	泸州	0.4180	60	台州	0.2473	86
新余	0.5105	35	襄樊	0.4164	61	雅安	0.2442	87
宣城	0.5064	36	资阳	0.4132	62	淮北	0.2412	88
上饶	0.4989	37	绍兴	0.4092	63	鄂州	0.2381	89
马鞍山	0.4971	38	阜阳	0.4003	64	孝感	0.2351	90
鹰潭	0.4919	39	池州	0.3984	65	德阳	0.2347	91
遂宁	0.4902	40	无锡	0.3957	66	温州	0.2324	92
衢州	0.4819	41	攀枝花	0.3922	67	咸宁	0.2302	93
安庆	0.4769	42	长沙	0.3913	68	铜陵	0.2219	94
黄冈	0.4753	43	益阳	0.3358	69	自贡	0.2136	95
九江	0.4750	44	衡阳	0.3306	70	滁州	0.2053	96
广元	0.4733	45	上海	0.3254	71	宿州	0.1971	97
岳阳	0.4555	46	娄底	0.3202	72	随州	0.1868	98
绵阳	0.4509	47	抚州	0.3150	73	张家界	0.1765	99
宜宾	0.4502	48	南通	0.3097	74	普洱	0.1662	100
常德	0.4489	49	荆州	0.3045	75	怀化	0.1560	101
吉安	0.4471	50	黄石	0.2993	76	亳州	0.1497	102
湘潭	0.4459	51	苏州	0.2941	77	荆门	0.1434	103
永州	0.4432	52	景德镇	0.2889	78	临沧	0.1271	104
湖州	0.4411	53	十堰	0.2837	79	保山	0.1108	105
六盘水	0.4401	54	淮南	0.2785	80	安顺	0.1095	106
宿迁	0.4336	55	昭通	0.2733	81	丽江	0.1081	107
萍乡	0.4320	56	内江	0.2681	82	巴中	0.0968	108
均值				0.4539				

SBM 效率值的大小能从一定程度上反映出一个地区生态环境状况，根据表 8-3 的结果，计算得到长江经济带 108 个城市在研究期间的平均 SBM 效率值为 0.4539，该值远小于 1，从总体上来说，长江经济带城市的生态效率还很低，整体上生态环境保护亟待提升，反映相关政府部门和相关企

业对生态环境环保的意识很不够。排名比较靠前的成都、南昌、重庆、贵阳等城市，虽然和上海、南京、杭州等城市相比，这些城市在发展的过程中，能源消耗相对较小，污染排放相对较少，对环境问题处理的相对较好，当然这也与它们自己经济并不是很发达有很大联系，由于目前中国城市的发展是"高能耗、高污染排放"模式，经济发展没有那么快，才没有创造更多的污染排放；而像上海、南京、苏州、杭州等城市，这些城市的经济发展得较好每年都可以创造很多的收入，但是这些收入更多的都是来自工业的发展创造的利润，而工业在发展的过程中会伴随大量的环境垃圾产生，这些垃圾没有经过很好的处理就排放到自然中去，严重影响了生态环境，因此才会造成虽然是高发展，但 SBM 效率值较小的现象。还有很多城市的 SBM 效率值相对更小，如表 8－4 所示。

表 8－4　　　　　　　　部分 SBM 效率值较小的城市统计

城市	SBM 效率值	城市	SBM 效率值
安顺	0.8957	临沧	0.9083
巴中	0.8748	普洱	0.9390
保山	0.8985	宿州	0.9662
滁州	0.9672	随州	0.9600
德阳	0.9833	铜陵	0.9732
鄂州	0.9898	温州	0.9832
亳州	0.9297	咸宁	0.9748
怀化	0.9380	孝感	0.9873
淮北	0.9937	雅安	0.9976
荆门	0.9282	张家界	0.9489
丽江	0.8825	自贡	0.9676

表 8－4 中的城市的 SBM 效率值较小的原因有两个：一是城市本身经济就不发达，像宿州市、随州市、孝感市、怀化市、张家界市、巴中市等城市在各个省中的人均年收入水平排名比较靠后，没有更多的精力投入环境问题的治理和改善环境的状况中去；二是城市本身有一些高耗能的产业，甚至依赖高能耗产业，这就导致环境问题也越来越严重，甚至形成恶性循环，因此 SBM 值相对较低。

第四节　区域生态效率收敛性分析

　　研究期内长江经济带城市的生态效率在呈现向上发展趋势的同时，也有明显的波动，可能存在经济基础、地理位置和经济政策导向等差异，不同城市的生态效率的增长速度也大不相同。本节对长江经济带城市的生态效率增长率进行收敛性检验，目的是为了研究随着时间的推移其生态效率的增长速度是增大还是缩小。通过收敛性分析，有助于我们分析现有的经济结构和现行的经济政策对生态效率协调发展的影响作用。

一、长江经济带城市生态效率的 σ 收敛分析

　　σ 收敛一般通过标准差或者变异系数指标进行衡量，可以直观地了解到不同城市之间经济水平的差距。由于 σ 收敛计算很简单，因此在现实中得到了广泛的应用。σ 收敛研究随着时间的推移不同城市之前生态效率的离差变化情况，如果离差值逐渐变小，那么表示生态效率的离散程度在变小，趋于收敛，用公式表示为：

$$\sigma_t = \sqrt{\frac{1}{I-1}\sum_{i=1}^{I}(SBM_{i,t} - \overline{SBM})^2} \qquad (8-3)$$

其中，i 表示地区；t 表示时间；I 表示地区总个数；$SBM_{i,t}$ 表示在 t 时期的第 i 个地区的生态效率，而 $\overline{SBM}$ 是所有 I 个地区在 t 时期的平均值。当 $\sigma_{t+1} < \sigma_t$ 时，表明生态效率的离散系数随时间的推移在减小，因此存在 σ 收敛。

　　计算得到的 2004～2014 年长江经济带城市生态效率的 σ 收敛结果，如图 8-1 所示。

　　从图 8-1 可以看出，2004～2014 年长江经济带整体生态效率的 σ 值变化状况，总体上来说呈现较强的波动性，最大值 1.13，最小值 0.28，没有表现出较强的收敛特征。2004～2013 年，整体波动在 0-1 范围内，波动较小，从整体趋势来看 σ 值有所下降，在此期间存在收敛现象。2013～2014 年，存在波动上升的现象，这就说明在该研究期间内不存在 σ 收敛。

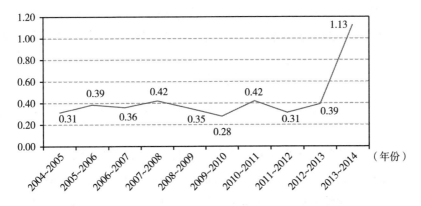

图 8 - 1　长江经济带生态效率整体 σ 收敛检验结果

二、长江经济带城市生态效率绝对 β 收敛分析

本节研究的绝对收敛是指长江经济带各城市的生态效率随着时间的推移，其增长速度的差异会越来越小并且向着相同的水平靠近，即生态效率高的地区与其他生态效率相对较低的地区之间的差距逐渐趋向于零。绝对 β 收敛性检验所要研究的是长江经济带城市的生态效率是否向着相同的稳定值靠近，即研究生态效率落后的地区是否有与发达地区趋同的趋势。这里借鉴了斯提芬（StevenN. Durlauf）和安竹宇（Andrew B. Bernard，1996）对时间序列分析方法的分析，将生态效率增长的绝对 β 收敛模型设定为：

$$[\ln(SBM_{i,t}) - \ln(SBM_{i,0})]/T = \alpha + \beta\ln(SBM_{i,0}) + \varepsilon \qquad (8-4)$$

其中，α 是常数项，$\ln(SBM_{i,0})$ 是在 $t=0$ 时期第 i 个地区的生态效率取对数后的初始值，β 是其回归系数，$[\ln(SBM_{i,t}) - \ln(SBM_{i,0})]/T$ 是指第 i 个地区从 $t=0$ 时期到 $t=T$ 时期的年平均生态效率增长率。表 8-5 是长江经济带城市整体绝对 β 收敛性检验结果：

表 8 - 5　　　　　　　　　　　绝对 β 收敛结果

参数	β	$P(\beta)$	R^2	F	$P(F)$
值	-1.158	0.0000	0.1869	223.031	0.0000

β 估计值在 1% 的显著性水平下，通过了显著性检验，且 β 值为负，这

表明长江经济带城市的生态效率增长与其初始水平呈现了显著的负相关关系，而且收敛性的显著性水平较高。检验结果表明，长江经济带城市的生态效率趋同于某一个稳定的水平，各个城市之间的差异性在缩小。

三、长江经济带城市生态效率条件 β 收敛分析

条件 β 收敛是在考虑不同城市各自的特征和发展环境的条件下，分析每个城市的生态效率是否收敛于各自的稳态水平。由于长江经济带各个城市的经济基础和政策环境等因素的不同，造成了各个城市都有本身的稳态水平，各个城市的稳态水平不都相同，并且不会趋同，各自的稳态水平很难改变，城市向着各自的稳态水平趋同。与绝对 β 收敛趋同于相同的稳态水平所不同的是，条件 β 收敛收敛于各个城市各自的稳态水平，表达的意义就是：在一定的时间内，落后地区与发达地区之间可能会保持存在一定差距的局面。本章的条件 β 收敛所采用的回归方程为：

$$[\ln(SBM_{i,t}) - \ln(SBM_{i,t-1})]/T = \alpha + \beta\ln(SBM_{i,t-1}) + \varepsilon \quad (8-5)$$

其中，α 是常数项，也就是面板数据固定效应项，表示各个城市自身的稳态水平的值，β 是其回归系数，$[\ln(SBM_{i,t}) - \ln(SBM_{i,t-1})]/T$ 是指第 i 个地区第 t 比第 $t-1$ 年的生态效率增长率。具体的检验结果如表 8-6 所示。

表 8-6　　　　　　　　　　条件 β 收敛结果

参数	β	$P(\beta)$	R^2	F	$P(F)$
值	-0.072	0.0000	0.2661	224.077	0.0000

从表 8-6 的检验结果可以看出，回归系数 β 在 1% 的显著性水平下，其估计值明显为负值。这表明长江经济带城市整体生态效率具有自身的稳态水平，都收敛于该稳态水平，即存在条件 β 收敛。

第五节　长江经济带城市生态效率提升策略

根据上述实证分析可以得出如下结论：长江经济带城市的生态效率值

变异较大，城市平均的 SBM 效率值远小于 1，从总体上来说，长江经济带城市的生态效率很低，生态环境保护亟待提升。很多城市的生态效率值非常小，表明这些城市在经济的可持续发展过程中生态环境保护还有很大的改进空间。长江经济带生态效率值总体上不存在 σ 收敛，变异性波动较大，但是存在绝对 β 收敛和条件 β 收敛，表明总体上长江经济带城市之间生态效率收敛于自身的稳态水平，有利于经济带绿色协调发展。

本章基于前面实证研究，就如何提升该区域生态效率水平提出以下建议。

第一，基于企业层面提升生态效率水平。企业是人类经济活动系统中最重要的部分，资源节约型和环境友好型社会的建立需要企业创新和进步。长江经济带城市生态文明的发展，离不开企业的创新发展。首先，要树立绿色发展理念，将绿色发展的思想贯穿发展始终，不能延续传统的只注重经济效益的生产经营思想，要履行保护环境的社会责任，要在企业生产经营活动的各个环节都贯彻生态化的理念，进而实现经济效益和环境效益的双赢。其次，坚持清洁生产，其是实现可持续发展的重要手段，也就是说对产品过程和产品本身严格把控，减少污染物的产生，特别是减少"三废"的排放。通过资源利用效率、完善企业排污设施的安装、加大企业的环境投资治理力度来实现生产的清洁化。最后，建立生态化的管理机制。企业应该积极地改进落后的管理模式，向生态化的管理模式发展，只有建立健全的生态化管理机制，才能够为企业的生态化转型提供强有力的制度保证和策略支持，进而走上可持续发展的道路。

第二，基于产业结构层面提升生态效率。因为产业结构的分配与资源的使用和配置是否达到最优状态两者联系紧密，因此要提高生态效率，需要优化和调整产业结构，降低传统生产过程中资源过度消耗和非期望产出（二氧化硫、粉尘、废水等）过多的产生。首先，加快产业结构调整，将长江经济带城市的产业结构的战略性调整与绿色经济的发展相结合，严格控制资源的消耗规模，淘汰高能耗、高污染、低效益的相对落后的生产体系，从而减少经济发展过程中废弃物的排放量，促进资源节约型和环境友好型产业的建立与发展。其次，在一些产业的投资项目选择上，要更多地向产业结构调整和优化升级的方向倾斜，为一些生态工业、生态农业等生态产业提供更多的优惠政策，鼓励绿色经济的发展，从而建立一个循环的生态经济体系。最后，是要加大对绿色产业技术的研发投入，主要包括污染治理技术、废物的再利用技术等，进而大大地降低对能源的消耗，实现高效率的产出，提高绿色经济效率。

第三，基于政府层面提升生态效率。政府通过法律法规政策来规范人类的经济行为更为有效。首先，可以建立更加严厉的环境税收体系，在节约资源和保护生态环境方面起到引导的作用，对一些只追求经济快速发展而忽略资源破坏和环境污染现象的企业和责任人，要加大惩治力度。其次，要加大对环保产业的投入，不要因为环保产业的建立需要投入大量的资金而放弃发展该产业，政府也应该给予更多的支持和优惠，将环保产业当成优势产业来发展。建立严格的生态效率评价考核制度，将生态效率评价考核的结果与个人和企业的发展前途紧密相连，这样就可以让各个相关的部门和个人及时的关注各个方面的环境情况，以便做出最有效的整治措施。

第四，基于城市的层面提升生态效率。长江经济带各城市应该牢固树立"生态优先、绿色发展"理念，以资源环境承载力为基础，发展比较优势产业，建设具有自身特色城市，完善城市功能，加强与中心城市或相应邻近城市的经济联系与互动，带动地区绿色发展。

优化长江经济带城市群布局，坚持大中小结合、东中西联动，依托长江三角洲城市群、长江中游城市群、成渝城市群这三大城市群带动长江经济带绿色发展，发挥辐射带动作用。城市群的绿色发展应该健全生态环境协同保护机制，积极推进区域大气污染联合防治，防治区域复合型大气污染，同时优化能源结构，严格控制煤炭消费总量，加大煤炭清洁利用力度。城市群中的城市间应该推进资源整合与一体发展，实现资源优势互补、产业分工协作、城市互动合作，加强湖泊、湿地和耕地保护，推进经济发展与生态环境相协调，提升城市群绿色综合竞争力。同时城市群应该增强在科技进步、制度创新、产业升级、绿色发展等方面发挥引领作用，将有力带动、提升区域整体的生态文明建设水平。

第五，基于公众的层面提升生态效率，除了上述几个方面的改进以外，特别需要的是公众的参与，因为不论任何的经济活动，都需要公众的参与，同时最终也都是为公众来服务的，因此公众参与环境保护是解决环境问题，实现可持续发展的重要途径和手段。所以如果处理好该层面的问题，一定有事半功倍的效果。要做到这些就需要公众转变传统的思想观念，增强他们的环保意识，鼓励他们参与到环保制度的建设。由于公众生活中在社会的各个阶层，没有人比他们更了解现实的环境情况，可以为政策的制定和实施起到很好的参与和监督作用。另外，要培养公众绿色的消费观念，因为他们作为消费者，他们的需求和消费行为直接影响到企业甚至是产业的生产经营方向，因此要引导他们转变消费观念，追求自然、健康的消费方式，在购买产品和服务的时候尽量选择绿色产品和服务，减少对环境的负面影响。

第九章

长江经济带城市绿色全要素
生产率评价分析

如何有效地实现经济发展和环境资源保护的"双赢",是长江经济带城市发展的当前主要任务。而提升城市的绿色全要素生产率就是长江经济带城市绿色发展的动力。目前对长江经济带城市的绿色经济发展状况的研究文献非常少。本章对长江经济带城市的绿色全要素生产率指数进行测度评价,并进行分解分析,进而对其绿色全要素生产率(GTFP)的影响因素进行实证研究,从而有针对性地提出提升长江经济带城市绿色全要素生产率的建议和对策,以期为长江经济带城市的绿色发展提供参考。

第一节　长江经济带城市绿色全要素生产率的测度

一、测度方法

DEA 是一种利用非参数的方法测算全要素生产率的数据包络方法,是由查恩斯等(Charnes et al.)在 1978 年提出的,将单产出多投入的模型扩展为多投入多产出的 CCR 模型,1982 年凯夫斯(Caves)在前人的基础上,构建了满奎斯特(Malmquist)生产率指数,就是利用 DEA 的方法来测算 Malmquist 指数,即全要素生产率。运用这个方法来测算绿色全要素生产率的优势就是，既不需要事先设定函数形式，同时可以对多投入多产出的决策单元进行研究。更改为重要的是，由于 DEA 方法有数理模型推导而来，因此更具科学性。本章在前人研究的基础上，选择该方向性距离函数及 Malmquist 指数测算城市的绿色全要素生产率。这里选择了面向产出角度的距离函数：

假定在每个时刻 $t = 1, 2, \cdots, T$，每一个决策单元 DMU 使用 N 种投入 X，然后生产出 M 种产出，$Y^t = (Y_1, Y_2, \cdots, Y_M) \in R_+^M$ 产出集则是 $P(X^t) = \{Y^t, x \text{ 可以生产 } y\}$，可能性的集合为 $G^t = \{(X^t, Y^t), Y^t \in P(X^t)\}$，但是由于本章研究的是多产出情况下的全要素生产率，故而将 t 时刻的产出函数定义为在给定投入 X 下，生产能够扩张的最大比例的倒数，即为：

$$D_0^t(X^t, Y^t) = \inf\{\theta : (X^t, Y^t/\theta) \in G^t\} = (\sup\{\theta : (X^t, Y^t\theta) \in G^t\})^{-1}$$

$$(9-1)$$

θ 为达到生产性前沿面是产出要素的增加比率，且该函数满足以下几个假设条件：

（1）技术规模报酬不变且投入产出要素可以自由处置，也就是说在这种环境下，

$$G^t = \left[(X^t, Y^t) : y_m^t \leqslant \sum_{k=1}^n z^{k,t} y_m^{k,t}, x_n^t \leqslant \sum_{k=1}^n z^{k,t} x_n^{k,t}, z^{k,t} \geqslant 0 \right] \quad (9-2)$$

其中 $z^{k,t}$ 为每一个观测值的权重。

（2）当 $(X^t, Y^t) \in G^t$ 时，$D_0^t(X^t, Y^t) \leqslant 1$，当且仅当 $D_0^t(X^t, Y^t) = 1$ 的时候，X^t，Y^t 为技术前沿面上的点，即满足了既定投入的最大产出。

而对于 Malmquist 指数来说，如果存在 t 期和 $t+1$ 期的投入产出的指标数据，以第 t 期的技术为参照，则产出定义下的 Malmquist 生产率指数可以表示为：

$$M_i^t = \frac{D_i^t(X^{t+1}, Y^{t+1})}{D_i^t(X^t, Y^t)} \quad (9-3)$$

其中，M_i^t 为生产率指数，$D_i^t(X^{t+1}, Y^{t+1})$ 是在第 t 期技术数据的参照下，第 $t+1$ 期的产出的距离函数，$D_i^t(X^t, Y^t)$ 为是在第 t 期技术数据的参照下，第 t 期的产出的距离函数，同上所示，若以 $t+1$ 期来作为技术参照，那么 Malmquist 生产率指数就可如下定义：

$$M_i^{t+1} = \frac{D_i^{t+1}(X^{t+1}, Y^{t+1})}{D_i^t(X^t, Y^t)} \tag{9-4}$$

为了使得结果更加具有合理性，可以选择上面两个指数的几何平均值来表示 Malmquist 全要素生产率指数（TFP）。即：

$$
\begin{aligned}
\text{TFP} &= M_i(x^{t+1}, y^{t+1}, x^t, y^t) = \left[\frac{D_i^t(X^{t+1}, Y^{t+1})}{D_i^t(X^t, Y^t)} \times \frac{D_i^{t+1}(X^{t+1}, Y^{t+1})}{D_i^{t+1}(X^t, Y^t)} \right]^{1/2} \\
&= \frac{D_i^{t+1}(X^{t+1}, Y^{t+1})}{D_i^t(X^t, Y^t)} \times \left(\frac{D_i^t(X^{t+1}, Y^{t+1})}{D_i^{t+1}(X^{t+1}, Y^{t+1})} \times \frac{D_i^t(X^t, Y^t)}{D_i^{t+1}(X^t, Y^t)} \right)^{1/2} \\
&= \text{EFFCH} \times \text{TECH} \tag{9-5}
\end{aligned}
$$

其中，EFFCH 是技术效率，表示从第 t 期到第 $t+1$ 期的每一个决策单元向生产前沿面的靠近程度，也可以说是在投入要素条件相同的情况下，每一个决策单元所能达到的最大的产出的能力，可以用该指标的大小来衡量资源的配置效率和投入要素的节约水平。若该指标值大于 1，则表示技术效率有所改进，若小于 1，则表示技术效率出现了倒退的现象。TECH 可以用来衡量技术进步的指标，是指决策单元在相邻的两个时期之间的生产前沿移动，也就是说在不增加投入要素的条件下，从技术、管理等方面的进步中所导致的生产前沿的移动。若该指标的具体数值大于 1，则表示技术水平有所改进；若小于 1，则表示技术水平没有改进。

全要素生产率指数 TFP 是由 EFFCH 和 TECH 两个指数构成的，如果该指数大于 1，则表示此决策单元在第 t 期到第 $t+1$ 期的生产率水平有所提高，反之，则出现了恶化。而对于构成 TFP 的两个指数来说，任何一个指数大于 1，都是其生产率水平得到提高的基础，反之就是下降的根源。

从上面的式（9-5）可以看出，要想算出 TFPCH，需要计算出四个距离函数，包括 $D_i^t(X^{t+1}, Y^{t+1})$，$D_i^t(X^t, Y^t)$，$D_i^{t+1}(X^t, Y^t)$，$D_i^{t+1}(X^{t+1}, Y^{t+1})$，若利用线性规划来求解，对于其中每一个决策单元 $k=1, 2, \cdots, k$，线性表达式为：

$$
\begin{cases}
\left[D_i^t(X^t, Y^t) \right]^{-1} = \max \theta^k \\
\text{s. t} : \theta^k Y_{k,m}^t \leqslant \sum_{k=1}^{k} Z_k^t \times Y_{k,m}^t \\
X_{k,m}^t \geqslant \sum_{k=1}^{k} Z_k^t \times Y_{k,m}^t \\
Z_k^t \geqslant 0
\end{cases} \tag{9-6}
$$

以此类推，就可以推算出 Malmquist 全要素生产率指数。

二、数据来源与指标选择

本章研究的是长江经济带 108 个城市在 2004～2014 年的绿色全要素生产率，是将长江经济带的城市作为一个决策单元，采用 DEA-Malquist 指数来研究其绿色全要素生产率，其理论依据还是经济增长理论中的生产函数。经济增长的投入要素主要为资本和劳动，本章根据上述理论综合地进行投入产出变量选择，具体所选择的投入产出指标如下。

投入要素指标。在劳动投入方面，最为理想的指标应该是该指标既包括劳动时间又包括劳动效率，但是由于统计资料的局限性，本章借鉴了相关学者的选择，使用全部从业人员人数（万人）来衡量劳动力要素投入。而在资本投入方面，由于没有各个城市的固定资产价格指数的统计，因此本章选用了各个城市的全社会固定资产投资总额（万元）来衡量其资本投入。在资源投入方面，用教育事业费用支出和科学事业费用支出之和（万元）衡量技术投入；用建成区面积（平方千米）、全社会用电量（亿千瓦时）、供水总量（万吨）来分别衡量土地、能源、水资源三大类资源要素的投入。

产出要素指标。考虑到中间投入品，因此，对期望产出的衡量使用地区生产总值（万元）来代表，用来反映城市的经济总量，用地方性财政收入（万元）来反映各个地方的财政能力和其消费、投资、生产等情况，用社会消费品零售总额（万元）反映居民的生活消费水平。对于非期望产出的部分的衡量采用 3 个指标来衡量，分别是：工业二氧化硫排放量（吨）、工业烟尘排放量（吨）、工业废水排放量（万吨），这些指标可以相对地反映出长江经济带当前城市发展过程中所出现的水污染和空气污染问题。其原始数据来源于相应年份《中国城市统计年鉴》《中国统计年鉴》。

三、长江经济带城市绿色全要素生产率测度结果

根据 DEA-Malmquist 测度法，基于 2004～2014 年长江经济带城市的投

入产出数据，得到了长江经济带个城市的绿色全要素生产率及其分解。具体见表 9-1，表 9-2。

表 9-1　　　108 个城市绿色全要素生产率（GTFP）的综合结果

指标	GEFCH	GTECH	GTFP
均值	0.9984	1.030681	1.029032

表 9-2　　长江经济带沿线 108 个城市绿色全要素生产率测度结果

城市	GEFFCH	GTECH	GTFP	排序	城市	GEFFCH	GTECH	GTFP	排序
随州	1.0021	1.3579	1.3607	1	资阳	1.0567	1.0444	1.1036	25
巴中	0.8875	1.4114	1.2526	2	眉山	1.0121	1.0832	1.0963	26
吉安	0.9677	1.2890	1.2474	3	永州	1.0120	1.0765	1.0894	27
成都	1.0048	1.2343	1.2402	4	遵义	0.9888	1.0995	1.0872	28
重庆	1.0289	1.1738	1.2076	5	贵阳	1.0149	1.0703	1.0862	29
萍乡	1.0304	1.1602	1.1954	6	南充	1.0267	1.0579	1.0861	30
金华	1.0272	1.1565	1.1879	7	衢州	1.0246	1.0598	1.0859	31
安庆	0.9858	1.2031	1.1861	8	广元	1.0866	0.9978	1.0842	32
赣州	0.9486	1.2462	1.1822	9	达州	0.9611	1.1280	1.0842	33
上海	0.9129	1.2732	1.1623	10	台州	0.9811	1.1042	1.0833	34
盐城	1.0660	1.0798	1.1510	11	普洱	1.0179	1.0634	1.0824	35
长沙	0.9953	1.1535	1.1482	12	常州	1.0117	1.0677	1.0802	36
嘉兴	1.0197	1.1187	1.1407	13	株洲	1.0747	1.0038	1.0788	37
泰州	1.0088	1.1237	1.1336	14	景德镇	1.0384	1.0374	1.0773	38
无锡	0.9928	1.1384	1.1303	15	昆明	1.0016	1.0755	1.0772	39
苏州	0.9869	1.1451	1.1300	16	南京	8.9862	1.0902	1.0751	40
邵阳	1.0133	1.1100	1.1248	17	武汉	0.9996	1.0744	1.0740	41
曲靖	1.0145	1.1066	1.1226	18	南通	0.9853	1.0899	1.0739	42
温州	0.9954	1.1264	1.1212	19	扬州	1.0011	1.0707	1.0719	43
宜春	0.9433	1.1879	1.1205	20	宜昌	1.0791	0.9903	1.0687	44
徐州	0.9983	1.1175	1.1156	21	绍兴	0.9720	1.0985	1.0677	45
丽江	1.2336	0.9041	1.1153	22	郴州	1.0075	1.0579	1.0659	46
丽水	1.0430	1.0663	1.1122	23	荆门	0.9773	1.0904	1.0657	47
连云港	1.0403	1.0630	1.1058	24	宁波	0.9663	1.0992	1.0622	48

城市	GEFFCH	GTECH	GTFP	排序	城市	GEFFCH	GTECH	GTFP	排序
宿迁	0.9627	1.0996	1.0586	49	十堰	0.9962	0.9955	0.9917	79
南昌	1.0176	1.0402	1.0586	50	黄石	0.9847	1.0009	0.9855	80
玉溪	0.9673	1.0936	1.0579	51	湘潭	1.0579	0.9288	0.9826	81
淮安	1.0144	1.0406	1.0557	52	泸州	0.9933	0.9866	0.9800	82
抚州	0.9656	1.0908	1.0533	53	襄樊	0.9763	0.9987	0.9749	83
合肥	0.9649	1.0890	1.0508	54	芜湖	0.9794	0.9927	0.9722	84
九江	1.0192	1.0302	1.0500	55	蚌埠	0.9857	0.9799	0.9659	85
广安	1.0127	1.0327	1.0458	56	自贡	0.9927	0.9604	0.9534	86
上饶	1.0044	1.0411	1.0456	57	新余	1.0328	0.9225	0.9528	87
湖州	1.0029	1.0419	1.0449	58	张家界	1.2898	0.7342	0.9470	88
昭通	1.0128	1.0295	1.0427	59	杭州	0.8675	1.0916	0.9470	89
六盘水	1.0607	0.9803	1.0398	60	巢湖	0.9763	0.9653	0.9424	90
遂宁	1.0539	0.9839	1.0369	61	宿州	0.9520	0.9880	0.9406	91
怀化	0.9831	1.0541	1.0362	62	荆州	0.9839	0.9551	0.9397	92
六安	1.0185	1.0150	1.0338	63	阜阳	0.9804	0.9549	0.9362	93
舟山	0.9967	1.0350	1.0316	64	滁州	0.9424	0.9905	0.9334	94
孝感	0.9828	1.0445	1.0265	65	马鞍山	0.9780	0.9384	0.9178	95
常德	0.9864	1.0380	1.0238	66	宣城	0.9640	0.9498	0.9156	96
宜宾	1.0000	1.0232	1.0232	67	淮北	0.9642	0.9339	0.9005	97
乐山	1.0303	0.9890	1.0189	68	攀枝花	0.9862	0.9053	0.8929	98
绵阳	0.9984	1.0192	1.0176	69	亳州	0.9108	0.9799	0.8924	99
咸宁	0.9910	1.0237	1.0145	70	淮南	0.9699	0.9091	0.8817	100
镇江	1.0058	1.0084	1.0143	71	池州	0.9048	0.9489	0.8585	101
娄底	1.0116	1.0026	1.0142	72	黄山	1.0166	0.7874	0.8005	102
衡阳	0.9991	1.0132	1.0123	73	保山	0.9598	0.8338	0.8003	103
德阳	0.9941	1.0162	1.0102	74	铜陵	0.9216	0.8668	0.7988	104
内江	1.0221	0.9833	1.0050	75	鄂州	0.9429	0.7576	0.7144	105
黄冈	1.0338	0.9698	1.0026	76	鹰潭	1.0370	0.6864	0.7117	106
益阳	0.9830	1.0170	0.9997	77	安顺	0.8840	0.7676	0.6786	107
岳阳	0.9942	1.0016	0.9958	78	雅安	1.0456	0.6249	0.6534	108

从表9-1中可以看出，长江经济带沿线108个城市2004~2014年的

绿色全要素生产率的均值为 1. 029，技术效率指数（GEFFCH）的均值为 0. 9984，技术进步指数（GTECH）的均值为 1. 031。从整体上来看，长江经济带生产率增速较快，平均增长了 2. 9%，环境污染治理的比较好，总体上没有明显过多地以牺牲资源和环境来换取经济增长。技术效率增速较慢，只有 0. 9984，下降了 0. 2% 说明资源的配置效率和投入要素的节约水平都不高；技术进步指数大于 1，增长了 3. 1%，表明技术和管理制度水平取得了显著的进步。

如表 9 - 2 所示，长江经济带 108 个城市中有 76 个城市的绿色全要素生产率大于 1，占整体的 70. 37%，其中 68 个城市的 GTECH 大于 1，44 个城市的 GEFFCH 大于 1。从整体上看说，长江经济带城市的经济发展状况良好，大部分城市的绿色全要素生产率都得到了提升，且城市 GTFP 的提升主要是由技术进步的提升导致，表明在研究期间，整体的技术水平和管理水平都有较显著的提升，使生产前沿向前移动。

从图 9 - 1 可以看出，大部分城市的技术进步指数（GTECH）要大于技术效率指数，也有小部分城市的技术进步指数要小于技术效率指数，这表明在研究期间的技术水平和管理制度等方面，大部分时间是处在进步阶段，这有可能与该区域积极地引进先进的技术水平和管理制度有密切联系。

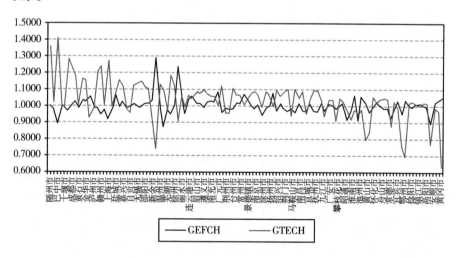

图 9 - 1　GEFCH 与 GTECH 变化情况

由表9-3、表9-4可以发现，在长江经济带108个城市中有36个城市的技术效率和技术进步指数的值都大于1，有22个城市的技术效率和技术进步指数的值都小于1。这就表明区域的经济发展情况存在明显的差异，发展较好的地区的技术效率和技术进步都有所提升，表明这些区域的资源配置效率和投入要素的节约水平较高，且技术和管理水平都较为前沿；对于技术效率和技术进步值都小于1的地区的绿色发展较为落后，表明这些城市的发展即过高地消费了资源环境，城市资源配置效率低下，需要先进的技术和管理经验。

表9-3 长江经济带沿线技术效率、技术进步两者大于1的城市情况

城市	GEFCH	GTECH	GTFP	城市	GEFCH	GTECH	GTFP
随州	1.0021	1.3579	1.3607	普洱	1.0179	1.0634	1.0824
成都	1.0048	1.2343	1.2402	常州	1.0117	1.0677	1.0802
重庆	1.0289	1.1738	1.2076	株洲	1.0747	1.0038	1.0788
萍乡	1.0304	1.1602	1.1954	景德镇	1.0384	1.0374	1.0773
金华	1.0272	1.1565	1.1879	昆明	1.0016	1.0755	1.0772
盐城	1.0660	1.0798	1.1510	扬州	1.0011	1.0707	1.0719
嘉兴	1.0197	1.1187	1.1407	郴州	1.0075	1.0579	1.0659
泰州	1.0088	1.1237	1.1336	南昌	1.0176	1.0402	1.0586
邵阳	1.0133	1.1100	1.1248	淮安	1.0144	1.0406	1.0557
曲靖	1.0145	1.1066	1.1226	九江	1.0192	1.0302	1.0500
丽水	1.0430	1.0663	1.1122	广安	1.0127	1.0327	1.0458
连云港	1.0403	1.0630	1.1058	上饶	1.0044	1.0411	1.0456
资阳	1.0567	1.0444	1.1036	湖州	1.0029	1.0419	1.0449
眉山	1.0121	1.0832	1.0963	昭通	1.0128	1.0295	1.0427
永州	1.0120	1.0765	1.0894	六安	1.0185	1.0150	1.0338
贵阳	1.0149	1.0703	1.0862	宜宾	1.0000	1.0232	1.0232
南充	1.0267	1.0579	1.0861	镇江	1.0058	1.0084	1.0143
衢州	1.0246	1.0598	1.0859	娄底	1.0116	1.0026	1.0142

表9-4　　　　　长江经济带沿线技术效率、技术进步两者大于一的城市情况

城市	GEFCH	GTECH	GTFP	城市	GEFCH	GTECH	GTFP
十堰	0.9962	0.9955	0.9917	马鞍山	0.9780	0.9384	0.9178
泸州	0.9933	0.9866	0.9800	宣城	0.9640	0.9498	0.9156
襄樊	0.9763	0.9987	0.9749	淮北	0.9642	0.9339	0.9005
芜湖	0.9794	0.9927	0.9722	攀枝花	0.9862	0.9053	0.8929
蚌埠	0.9857	0.9799	0.9659	亳州	0.9108	0.9799	0.8924
自贡	0.9927	0.9604	0.9534	淮南	0.9699	0.9091	0.8817
巢湖	0.9763	0.9653	0.9424	池州	0.9048	0.9489	0.8585
宿州	0.9520	0.9880	0.9406	保山	0.9598	0.8338	0.8003
荆州	0.9839	0.9551	0.9397	铜陵	0.9216	0.8668	0.7988
阜阳	0.9804	0.9549	0.9362	鄂州	0.9429	0.7576	0.7144
滁州	0.9424	0.9905	0.9334	安顺	0.8840	0.7676	0.6786

第二节　长江经济带城市绿色全要素生产率的影响因素分析

一、模型构建

为了保证处理数据的稳定性，对数据进行了对数处理。本章根据所测得的长江经济带城市的绿色全要素生产率及分解作为被解释变量，所选择的解释变量指标有四个，分别是外商投资水平、产业结构、政府市场化程度水平、环境规制能力，所研究时间为2004~2014年，故可得到如式（9-7）的静态面板模型，

$$\ln(gtfp)_{it}, \ln(geffch)_{it}, \ln(gtech)_{it} = \alpha_0 + \alpha_1 \ln(fi)_{it} + \alpha_2 \ln(is)_{it} \\ + \alpha_3 \ln(er)_{it} + \alpha_4 \ln(gm)_{it} + \varepsilon_{it} \quad (9-7)$$

在式（9-7）中，$\ln(gtfp)_{it}$表示i行业t时间各个城市的绿色全要素生产率，$\ln(fi)_{it}$，$\ln(is)_{it}$，$\ln(er)_{it}$，$\ln(gm)_{it}$表示i行业t时间当年实际使

用外资额占地区生产总值的比重、第二产业产值占 GDP 的比重、三废综合利用产品产值占地区生产总值的比重、地方财政预算内支出占地区生产总值的比重，ε_{it} 为随机误差项。

二、变量说明

确定了城市绿色全要素生产率的影响因素并构建模型完成后，接下来对解释变量作简要的说明，如表 9 - 5 所示。

表 9 - 5　　　　　绿色全要素生产率（GTFP）影响因素变量说明

变量名称	变量符号	变量意义	预期影响
外商投资	fi	当年实际使用外资额占地区生产总值的比重	未知
产业结构	is	第二产业产值占地区生产总值的比重	未知
环境规制	er	三废综合利用产品产值占地区生产总值的比重	正
政府市场化程度	gm	财政支出占地区生产总值	正

1. 外商投资因素

用当年实际使用外资额占地区生产总值的比重这一指标来衡量一个地区外商投资水平。外商投资对绿色经济发展的影响是一把"双刃剑"，一方面，外商将先进的技术、高科技人才、规范的标准作为资本引入某城市或地区，提高一个地区的技术水平和产出水平；另一方面，外商投资的投资者更多来自发达国家而且投资的多是一些高产出、高耗能的产业，由于本国相对较高的环境门槛，在本国投资建设该企业势必会增加企业成本，因此他们会将部分产业向外转移。而长江经济带具有得天独厚的优势，交通便捷，具有明显的区位优势，故而对外贸易十分的发达。因此该指标对城市的绿色全要素生产率应该有重要影响。

2. 产业结构因素

用第二产业产值占地区生产总值的比重来衡量某地区的产业结构因素，不同的产业和部门的生产率和生产率增长速度不同，当投入要素从低生产率的产业部门向生产率高的产业部门转移时，则产业整体的产出会得到提升，此产业结构的调整会对经济增长有正向的促进作用。但是，不同的产业部门在生产过程中污染物的排放和资源的消耗程度不同，如果高耗能、高污染行业在产业结构比重较大，那么势必资源的消耗就会增加，环境质量就会下降。而包含在第二产业中的工业特别是重化工业的污染是最严重的，第二产业的发展伴随着废气、废水、废渣的产出，它的规模大小的变化能够反映出工业所带来的环境污染和治理情况。因此，产业结构对绿色全要素生产率有影响。

3. 政府市场化程度因素

用地方财政预算内支出占地区生产总值的比重来衡量政府行为市场化程度，政府的市场化改革对我国的经济发展有着极其重要的影响，改革力度的大小也会直接影响到资源的配置效率。政府的财政支出基本上运用到地方公共基础设施及区域的环境的治理与保护方面。因此地方政府的预算内支出直接关系到地方的环境质量。

4. 环境规制因素

资源环境的政策制度对经济的可持续发展具有积极的促进作用，它的途径就是通过政府制度相应的政策法规，减少环境污染所产生的外部不经济性，进而提高绿色全要素生产率，使得经济与环境协调发展。使得经济与环境协调发展。但是没有直接的数据指标反映环境管制的强弱，因此用三废综合利用产品产值占地区生产总值的比重来衡量一个地区的环境治理能力。一个地区的环境治理能力直接关系到对环境污染的治理效果，可以减少或消除因生态破坏、环境污染和资源短缺导致的各种社会矛盾，进而影响一个地区经济的绿色发展。

三、实证结果及分析

作为参照系，首先进行混合回归，以方便对模型的稳健性进行评估。其次建立了固定效应模型、随机效应模型，采用稳健标准误（robust）条件下的估计结果，豪斯曼检验的 p 值为 0. 0000，因此强烈的拒绝原假设"H_0 : μ_i 与 μ_{ii}，z_i 不相关"，认为应该使用固定效应模型，而不是随机效应模型。回归运行由 STATA 软件支持，回归结果如表 9 - 6 所示。

表 9 - 6　　　　　　　长江经济带城市绿色全要素生产率影响因素回归结果

指标	混合效应模型 ln($gtfp$)	随机效应模型 ln($gtfp$)	固定效应模型 ln($gtfp$)	固定效应模型 ln($geffch$)	固定效应模型 ln($gtech$)
ln(er)	0.0753 ** (2.24)	0.0537 (1.43)	0.0701 ** (2.12)	0.0723 * (1.94)	0.0092 * (1.81)
ln(fi)	- 0.0246 (- 1.31)	- 0.0321 (- 1.23)	- 0.0222 (- 0.91)	- 0.00682 (- 0.29)	- 0.0146 (- 1.22)
ln(gm)	0.111 *** (4.72)	0.0231 *** (5.12)	0.0118 *** (3.96)	0.0926 *** (3.24)	0.0273 * (1.81)
ln(is)	0.249 *** (4.41)	0.209 *** (3.53)	0.241 ** (2.15)	0.155 * (1.94)	0.104 * (2.34)
常数	- 1.227 *** (- 4.49)	- 1.227 *** (- 3.80)	- 1.034 (- 1.38)	- 0.767 (- 1.06)	- 0.353 (- 0.94)

注：*** 、** 、* 分别表示在 1% 、5% 、10% 显著性水平下显著。

实证结果表明：

外商投资水平对绿色全要素生产率的影响在三个模型中的估计系数都为负值，但是在 5% 的显著性水平下没有通过检验，说明当年实际使用外资金额占地区生产总值的比重的提高不会造成绿色全要素生产率的明显下降。因此整体来说长江经济带城市引进外资的质量有待提高，外商投资对城市绿色全要素生产率的正面效应还没有得到充分发挥。

产业结构对长江经济带城市的绿色全要素生产率的影响系数显著为正，表明第二产业总产值占地区生产总值的比重的提高会显著地提升绿色全要素生产率。这就表明长江经济带在发展第二产业的过程中，能有效提高经济产出，同时相关行业、企业比较注重对绿色发展，尽力控制资源的消耗和污染的排放，同时总体上行业、企业的技术和管理水平有所提升，使得第二产业对长江经济带城市绿色经济的发展是显著的促进作用。这与第五章的结论一致。

政府的市场化行为对城市绿色全要素生产率的影响为正，并且通过了显著性水平为 5% 的检验。结果表明，政府的财政支出每增加一个单位，就会提高绿色全要素生产率 1.18% 的水平，提升的效果比较明显。由此可见，地方政府在追求经济发展的同时，也注重环境的保护与治理，政府财政支出对社会基础设施和一些公众的环保项目的投资建设，会在很大程度上提高绿色全要素生产率。

政府的环境规制行为对长江经济带城市的绿色全要素生产率的影响显著为正。这一结论也充分证明"波特假说"的正确性，即适当的环境规制可以促使企业进行更多的创新活动，而这些创新将提高企业的生产力，从而抵消由环境保护带来的成本并且提升企业在市场上的盈利能力，提高产品质量，这样不仅使国内企业在国际市场上获得竞争优势，同时可以提高产业生产率。这验证了第五章结论。

第三节　结论及政策性启示

本章主要以长江经济带城市的相关面板数据为基础，运用 DEA-Malmquist 的方法，在相对充分的考虑了能源投入和非期望产出的情况下测算出了其各个城市的绿色全要素生产率，然后从外商投资水平、产业结构、政府市场化程度水平、环境规制能力等方面探究其对绿色全要素生产率的影响程度，进而得出相应的结论。

从整体上来看，长江经济带城市绿色全要素生产率增速较快，平均增长了 2.9%，表明在发展经济的同时也比好注重对环境的保护和治理，总体上以牺牲资源和环境来换取经济增长的现象不是很突出。技术效率下降了 0.2%，说明资源的配置效率和投入要素的节约水平有所下降；技术进步增长了 3.1%，从技术和管理制度层面来说是有所改进的。长江经济带大部分城市的绿色全要素生产率都得到了提升，也有一部分城市的绿色全要素生产率出现了下降，针对这一情况，需要城市的管理者根据自身城市的发展情况，制定合理的政策法规，规范监管行为，最终实现经济的绿色发展。

在绿色全要素生产率影响因素中，外商投资对城市绿色全要素生产率的正面效应还没有得到充分发挥，这就要求在以后引进外资的时候要引进带来更多的绿色发展正向溢出效应的产业；产业结构对长江经济带城市的绿色全要素生产率的影响系数为正值，这说明相比第二产业所带来的环境问题，同时更多带来的是经济的发展和进步；政府的财政支出对绿色全要素生产率的影响较为明显，且显著为正，政府的财政支出会在很大程度上提高绿色全要素生产率；政府的环境规制行为对长江经济带城市的绿色全要素生产率的影响显著为正，这也充分说明了"波特假说"的正确性，说明城市在经济发展的过程中需要适当的环境规制来促使企业创新。其主要的政策启示主要有以下几点：

首先，将绿色发展指标纳入城市各级政府部门政策考核体系中，并严格考核。各城市必须要重视绿色经济的发展，在追求经济增长的同时，考虑其所带来的环境影响。将有关绿色经济的发展的指标纳入各级政府部门的政策考核体系中。在长江经济带生态文明建设中，要增加有关环境、资源的指标以及与之相关的因素在考核中所占的比重，而对于绿色产业的发展，政府给予适当的补贴和优惠政策，鼓励绿色产业更好的发展，通过政府的政策、制度、法律来强化对低碳、环保的认知，促进城市绿色经济的发展。对制定的绿色发展目标及指标要严格考核。

其次，加快产业结构调整，构建新的绿色产业体系，加大绿色投资的力度。一方面，要对传统的高耗能、高污染的行业进行改造，充分发挥已有绿色优势行业的示范带头作用，鼓励其他行业的绿色转型。政府在招商引资的过程中，多引进一些低能耗、清洁环保、有先进技术经验和管理经验的企业，以帮助城市逐步的实现绿色转型，最终实现经济的绿色发展。另一方面，加大绿色投资的力度，加强对有关绿色经济发展技术研发的投入。要求政府企业要完善绿色经济的技术标准和管理规范，加强其各自的自主研发能力，引导和支持社会资本进入绿色经济发展的研发领域。同时要积极地学习和借鉴其他先进城市或先进企业有关绿色发展的先进的管理经验和技术水平，健全和完善监管机制。大力的鼓励拥有绿色发展潜能的企业发展。也就是将资源要素更多的分配到绿色全要素生产率较高的部门。

最后，提高长江经济带城市的工业企业对环境规制的响应度。长江经济带生态文明建设需要全民参与，尤其在社会生产中占主导地位的生产企业更要发挥积极作用。一方面政府部门要完善环境规章制度；另一方面工业企业要积极响应国家及相关部门倡导的"生态保护、绿色发展"的理念及相关政策，通过提高技术与管理水平，减少排污、提升治污能力，使得相关的环境规制作用更好地发挥出来。

第十章

推进长江经济带生态文明
发展的政策建议

长江经济带发展战略，是党中央、国务院高屋建瓴、审时度势，主动引领中国经济发展新常态，科学谋划中国经济新棋局的重大举措，对于实现"两个一百年"奋斗目标和中华民族伟大复兴的中国梦，具有重大现实意义和深远历史意义。《长江经济带发展规划纲要》明确推动长江经济带发展必须走生态优先、绿色发展之路，涉及长江的一切经济活动都要以不破坏生态环境为前提。未来，长江经济带在发展中，随着开发力度的加大，长江流域环境容量与生态压力随之加大，生态文明建设面临研究形势。因此，需要从全局和战略及区域协作的视角，加强实施生态建设与保护，引领长江经济带生态文明建设。基于前面各章的实证分析结果，为进一步提升长江经济带生态文明建设水平，本章提出如下建议。

一、全面深刻领会长江经济带生态优先和绿色发展理念

成功的事业需要先进的理念。长江经济带生态文明建设是我国开创性战略与事业，也需要新理念。这就需要深刻领会党和政府相关理念与精神。

要全面深刻领会习近平总书记关于"金山银山就是绿水青山"的重要论述，全面深刻理解坚持绿色发展、加快推进生态文明建设等一系列新理

念、新思想、新战略，特别是习总书记多次强调"推动长江经济带发展必须从中华民族长远利益考虑，走生态优先、绿色发展之路，要把修复长江生态环境摆在压倒性位置，共抓大保护，不搞大开发"的讲话。

首先，"既要绿水青山，也要金山银山"。长江经济带经济发展与环境保护并非对立关系，只讲绿水青山而对金山银山不闻不问，长江经济带部分区域老百姓长期处于贫困边缘，难免会持续"越穷越垦、越垦越穷"的状态，到最后必将难以保全"绿水青山"；只注重金山银山而不管绿水青山，以牺牲绿水青山为代价换取金山银山，无异于饮鸩止渴。实践证明，绿水青山与金山银山可互补，实现共赢。

其次，"宁要绿水青山，不要金山银山"。长江经济带经济发展的最终目标是为了人民幸福，当绿水青山与金山银山之间产生冲突时，长江经济带发展决不以牺牲环境为代价去换取一时的经济增长，决不走"先污染后治理"的老路，决不能以牺牲后代人的幸福为代价换取当代人的所谓"富足"。必须坚持以人为本，坚持科学发展观，认真权衡经济发展与生态环境的分量，作出明智选择。

最后，"绿水青山就是金山银山"。党的十八大将生态文明建设纳入中国特色社会主义五位一体总布局中，可见，生态环境已成为一个国家、一个地区综合竞争力的重要组成部分。生态环境质量高的地区，将吸引更优质的人才，带动高新技术产业的发展，绿水青山便是最好的金山银山。长江经济带应该建设成一个生态环境质量优越的区域，这样更能吸引优秀的人才，推动长江经济带的长远高质量的发展。

全面把握国务院关于长江经济带战略重大部署决定，认真学习贯彻2016年下发的《长江经济带发展规划纲要》精神，深刻领会贯彻李克强总理的"要坚持在发展中保护、保护中发展，守住长江生态环保这条底线"的讲话，各级政府部门及企事业单位必须统筹协调、系统保护、底线管控、分区施策，努力把长江经济带建成水清地绿天蓝的绿色生态廊道和生态文明的先行示范带。

二、实施好长江经济带生态环境大保护顶层规划设计

推进长江经济带生态文明建设，关键是要做好长江经济带生态环境保

护顶层设计。2017 年 7 月，环境保护部、国家发展和改革委员会以及水利部联合发布了《长江经济带生态环境保护规划》（以下简称《规划》）。《规划》是长江经济带生态环境大保护顶层规划设计，是全面落实党中央、国务院关于推动长江经济带发展的重大决策部署。《规划》坚持生态优先，绿色发展，突出抓好长江母亲河的保护，以改善生态环境质量为核心，衔接大气、水、土壤三大污染防治行动计划，强调多要素统筹，综合治理，上下游差异化管理，责任清单落地。长江经济带相关的省市及相关政府部门在长江经济带领导小组领导下，也应按照《规划》要求，编制具体的实施方案或年度计划，制定并公布具体目标清单、任务清单和责任清单，认真按期有序推进长江经济带生态环境保护各项任务的贯彻实施。

建立中央环保督察机制是落实好长江经济带环保顶层设计规划的制度保障，能有效遏制长江经济带严重的环境污染，推进长江经济带生态文明先行示范带建设。中央环保督察应该重点关注中央高度关注、群众反映强烈、社会影响恶劣的突出环境问题及其处理情况；重点督查环境污染恶化的区域流域及整治情况；重点检查相关地方党委与政府及有关部门环保不作为、乱作为的情况；重点督查地方落实环境保护党政同责和一岗双责、严格责任追究等情况。

三、优化空间布局，推进技术创新和产业结构调整

（一）因地制宜，稳中求进

长江经济带上中下游区域生态文明建设水平存在明显的差异性，其下游区域生态文明状况最优，中游次之，上游最差；不过，长江经济带生态文明建设水平 Theil 系数逐年下降，表明其区域差异性逐年降低。长江经济带各省市生态效率总体平均水平较高，下游生态效率高于平均水平，中游和上游低于平均水平；生态效率区域差异性显著，省际差异均明显高于上中下游间差异，且差异性趋势减缓。由此可见，长江经济带生态文明协调性在逐渐加强，但各省市、区域间的优劣势不尽相同，不同地区面临的生态和环境问题有所不同，上游地区水土流失和石漠化问题严重，中游地区湿地退化加速，下游周边经济发达地区因无节制的开发，也导致了严重

的环境污染问题，生态安全面临严峻挑战。各地政府要查漏补缺，遵循"分区推进、适度开发、协调发展"的原则，从各省市的生态特点出发，优化空间布局，开展垃圾处理、安全饮水等生态工程，采取促进本地区生态文明建设水平的最有力措施。

（二）调整产业，优化结构

优化产业结构是促进生态文明建设的有效手段。首先，大力发展生态农业，引进循环经济发展模式，促进产业升级，坚定不移地走可持续发展道路。其次，严格控制"双高"（高耗能、高排放）行业增长速度，严格把控能源消耗量，引进节能减排的新型管理方式。最后，大力发展节能环保产业，加快传统产业升级，促进生态文明格局的形成。

（三）增强自主创新能力，推进信息化与产业融合发展

统筹考虑现状，优化整合科技资源，深化产学研合作，发展技术创新战略联盟，加快沿江地区新一代信息基础设施建设，优化布局数据中心。充分利用云计算、大数据、互联网、人工智能等信息技术改造并提升传统产业，培育发展新兴产业。

加强政府对有关绿色经济发展技术研发的投入，政府企业要完善绿色经济的技术标准和管理规范，加强其各自的自主研发能力，引导和支持社会资本进入绿色经济发展的研发领域。与此同时要积极的借鉴和学习一些外资企业的在城市经济绿色发展过程中先进的技术成果、管理经验、环保标准，并加以消化吸收。政府在招商引资的过程中，多引进一些低能耗、清洁环保、有先进技术经验和管理经验的企业，以帮助城市逐步的实现绿色转型，最终实现经济的绿色发展。

（四）推进发展现代服务业

依据经济发展要求，优先发展节能环保、金融保险、现代物流等生产性服务业；根据居民生活需求，加快发展旅游业、文化教育、养老保险等生活性服务业；充分发挥长江经济带地区的综合优势，根据各地历史文化、民俗风情、山水风光等，打造旅游景区、旅游城市、生态旅游休闲区

等，发展特色旅游业，努力将长江经济带建设成国际黄金旅游带。

四、清洁生产，健全管理制度

（一）清洁生产，共创双赢

企业是人类经济活动系统中重要的组成部分，长江经济带沿线城市企业要树立绿色发展理念，积极改进落后的管理模式坚持清洁生产，对产品过程和产品本身严格把控，减少污染物的产生，特别是减少"三废"的排放，以实现经济效益和环境效益的双赢。

（二）健全水资源管理制度，切实保护长江水资源

水是生命之源，切实保护长江水资源对长江经济带生态文明建设具有重大意义。首先，健全并严格落实水资源管理制度，明确水资源开发红线、利用红线、用水效率红线等。其次，加强饮用水水源地区保护力度，取缔保护区域内排污口，优化沿江地区排污口布局。再次，优化水资源配置，加强水资源统一调度，保障生态、生活、生产用水安全。最后，建设长江经济带水资源保护带，增强沿江、沿湖、沿河水土保持能力。

（三）完善环保制度，推进环境综合治理

首先，严格把控煤炭消费总量，加强 PM2.5、氮氧化物、二氧化硫等主要大气污染物防治工作，完善污染物排放控制制度，扭转雾霾、酸雨等环境恶化态势，改善长江经济带环境空气质量。其次，推进农村环境综合治理工作，加大土壤污染防治力度，降低农药、化肥等使用强度。最后，鼓励各企业采用清洁生产技术，提高污水处理效率。

（四）责任到人，强化考核

政绩考核需综合考虑当地经济发展水平、自然禀赋条件、产业结构、生态文明建设水平等因子，建立生态文明建设责任追究制度，将其作为政绩考核的重要指标；同时，根据地理位置、区域生态功能的差异，制定分级、分类的考核标准。此外，将生态文明建设评估结果纳入政府绩效管理

体系，实行问责制，责任到人、终身追责。对于成绩突出的单位或个人予以表彰；对于违背科学发展观，使得生态、资源等惨遭破坏的对象予以惩处。

（五）加强监督，健全制度

加强生态文明建设执法监督，依法从严惩治各类违反生态文明建设法律法规的行为；加快完善节能减排统计机制，完善工业能源消费统计等，健全生态文明建设法律体系，突出抓好重点地区、单位生态文明建设的监督检查。

五、积极探索建立跨省域生态补偿机制

建立跨省域生态补偿机制对于理顺长江上中下游各省市的生态关系，实现区域全面协调绿色发展非常重要。积极成立长江经济带生态补偿组织，探索多元化融资渠道，构建跨省域生态补偿的长效投入机制，制定出流域生态补偿的相关法律法规，确定生态补偿的种类、标准、范围和管理体制，实现长江经济带跨省域生态补偿的制度化和规范化；加强中央对长江经济带跨省域生态补偿工作的监督管理，全程严格监督生态补偿资金的使用效果。

六、坚持绿色发展，以优带劣，打造生态文明示范带

（一）发展绿色能源，打造绿色能源产业带

资源优势是长江经济带得天独厚的优势之一，淡水资源充沛，矿产资源量大类多，生物资源丰富。因此，长江经济带地区有必要充分利用优势，发展绿色能源。首先，积极开发利用水电，以环境保护和移民安置为前提，加快水电基地建设，加快输送道路建设，增加向下游地区送电规模。其次，加快煤运通道建设，规划建设高效清洁燃煤电站，提高电力、天然气等输入能力。此外，立足于资源优势，改革创新体制，推进能源生产和消费方式变革，使"绿色能源、绿色生产、绿色消费"的理念深入人心。

（二）打造绿色生态长廊

科学引导长江经济带地区的发展，顺应自然，以保护生态为重点，合理规划利用水资源，增强重点生态功能区保护力度，生态修复与环境治理并重，改善长江经济带生态环境，打造长江经济带绿色生态长廊。

（三）以优带劣，促进一体化发展

现如今，我国经济进入"新常态"，而各方面的资源环境紧缺，长江流域生态效率总体水平有待提高，区域差异显著。因此，应该加强各区域间人才、技术和资金流动，使得先进的流域管理和流域生态等理念从下游区域向中、上游区域转移，推进"自上而下"式长江流域生态经济发展规划，消除各流域省市间的同质竞争，通过下游区域的高生态效率带动中、上游区域的生态效率的提高，长江经济带实现一体化能够为经济和资源环境协调发展提供良好的政策环境，有利于生态效率的改善。

（四）建设生态文明先进示范带

依据科学发展观的要求，以经济建设为中心，严格处理发展与保护之间的关系，强化生态保护与修复，健全生态环保机制，建设生态文明先进示范带，增加各区域、省市之间的差异化竞争，对生态文明建设水平较高的地区予以奖励。

（五）推进绿色减贫

长江中上游是我国贫困人口聚集较多的区域，协调好扶贫开发与生态文明建设的关系。贫困区域与生态脆弱区域具有很强的耦合性，所以难以通过重工业化实施发展脱贫，只有坚持生态保护绿色发展的理念，采用绿色产业扶贫、易地移民搬迁扶贫、光伏扶贫、旅游扶贫等措施，坚持绿色减贫发展路径，既达到脱贫发展，又保护生态环境。

七、宣传教育，增强生态文明意识

生态文明建设，人人有责，推进生态文明建设有赖于社会上的每一位公民。因此，有必要将生态文明建设纳入教育体系，广泛宣传生态文明知识，增强公民生态文明建设意识，使每一位公民自觉形成资源忧患意识、环境保护意识、资源节约意识等。设置日常宣传与舆论监督机制，将先进事迹纳入宣传栏并予以奖励，以发挥其楷模作用；积极倡导绿色消费、可持续发展理念，营造良好的生态文明建设社会氛围，形成崇尚绿色发展新风尚。

八、长江经济带上中下游生态文明建设建议

推进生态文明示范带建设还需结合长江经济带自身的特点，长江经济带上中下游情况不同，采用相应不同的措施。

（一）对长江经济带上游地区的建议

长江经济带上游地区生态文明建设水平堪忧，尤其是云南、贵州两省，其经济发展、社会生活等皆处于落后水平。因此，长江经济带上游地区需要转变经济发展方式，加大环保资金投入、教育经费支出等，促进产业升级，保持经济有效稳定增长；加大生态环保区域建设，构建生态屏障，推进湿地生态保护与修复工程，退耕还林，加大长江经济带沿岸天然生态资源的建设力度。

（二）对长江经济带中游地区的建议

长江经济带中游地区生态文明建设水平比上游较好，比下游较次，无论是资源环境水平、经济发展水平，还是社会生活水平，在长江经济带地区均处于中间水平。因此，长江经济带中游地区需进一步明确自身状况，强化生态系统修复，增强产业集聚能力，集聚科技创新要素，提高医疗设备、文化教育等公共服务水平。

（三）对长江经济带下游地区的建议

总体而言，长江经济带下游地区生态文明建设状态最优，然而其差异性也最大，如浙江省、江苏省生态文明建设状况在长江经济带地区处于最

优水平，而安徽省生态文明建设则相对处于落后位置。因此，下游区域在实现主要省市生态文明建设水平稳步提高的同时，也要兼顾欠发达地区，统筹能源布局、经济发展、资源环境承载力等，实现以优带劣、资源共享。

九、长江经济带城市生态文明建设建议

各城市应该以资源环境承载力为基础，确立资源利用上线、生态保护红线、环境质量底线，制定产业准入负面清单，强化生态环境硬约束，发展比较优势产业，完善城市功能，加强与中心城市或相应邻近城市的经济联系与互动，带动地区绿色发展。

优化长江经济带城市群布局，积极推进三大城市群带动长江经济带绿色发展，发挥辐射带动作用。城市群应该健全生态环境协同保护机制，推进资源整合与一体发展，实现资源优势互补、产业分工协作、城市互动合作，加强湖泊、湿地和耕地保护，推进经济发展与生态环境协调发展。同时城市群应该增强在科技进步、制度创新、产业升级、绿色发展等方面发挥引领作用，将有力带动、提升区域整体的生态文明建设水平。

十、安徽省生态文明建设建议

安徽省在实施"生态强省"战略以来，生态文明建设有了长足的发展，但在长江经济带省市中，安徽省生态文明还是处于相对落后的位置，发展潜力较大。未来安徽在加强经济发展的同时，更应该坚持加强"生态保护、绿色发展"理念，强化生态环保意识，加强生态监管机制，把修复长江生态环境摆在首位，大力构建皖江绿色生态廊道，推进新安江横向生态补偿试点；在供给侧结构性改革下，强化创新驱动，加快产业调整步伐，增强绿色创新能力，建立健全生态产业体系，实现绿色发展；深度融入长江经济带，构建区域协调发展新机制，推进与沿江省市联动，共同构建生态环境联防联治、流域统筹协调发展机制。

安徽省各地市应该充分认识到生态文明建设的重要性，认清自身优缺点，在严格保护生态环境的基础上，发挥各自的比较优势，使其经济综合水平逐步提高，进一步提升其绿色发展水平。作为黄山市、巢湖流域等国家生态文明先行示范区，更应加强生态文明建设，起引领作用。

参考文献

一、中文部分

［1］白世秀. 黑龙江省区域生态效率评价研究［D］. 东北林业大学, 2011.

［2］蔡昉. 全要素生产率是新常态经济增长动力［J］. 党政干部参考, 2016 (1): 19 – 20.

［3］曹慧, 胡锋等. 南京市城市生态系统可持续发展评价研究［J］. 生态学报, 2002, 5 (5): 787 – 792.

［4］曹红军. 浅评 DPSIR 模型［J］. 环境科学与技术, 2005, 28 (增刊): 110 – 111.

［5］陈超凡. 中国工业绿色全要素生产率及其影响因素——基于 ML 生产率指数及动态面板模型的实证研究［J］. 统计研究, 2016 (3): 53 – 62.

［6］陈浩, 陈平, 罗艳. 基于超效率 DEA 模型的中国资源型城市生态效率评价［J］. 大连理工大学学报: 社会科学版, 2015 (2): 34 – 40.

［7］陈红蕾, 覃伟芳, 吴建新. 考虑碳排放的工业全要素生产率变动及影响因素研究——广东案例［J］. 产业经济研究, 2013 (5): 45 – 53.

［8］陈诗一. 中国的绿色工业革命: 基于环境全要素生产率视角的解释 (1980—2008)［J］. 经济研究, 2010 (11): 21 – 34 + 58.

［9］陈真玲. 基于超效率 DEA 模型的中国区域生态效率动态演化研究［J］. 经济经纬, 2016, 33 (6): 31 – 35.

［10］成金华, 陈军, 李悦. 中国生态文明发展水平测度与分析［J］. 数量经济技术经济研究, 2013 (7).

［11］成金华, 孙琼, 郭明晶, 徐文赟. 中国生态效率的区域差异及动态演化研究［J］. 中国人口. 资源与环境, 2014 (1): 47 – 54.

［12］程晓娟，韩庆兰，全春光．基于 PCA-DEA 组合模型的中国煤炭产业生态效率研究［J］．资源科学，2013，35（6）：1292－1299.

［13］邓波，张学军，郭军华．基于三阶段 DEA 模型的区域生态效率研究［J］．中国软科学，2011（1）：92－99.

［14］丁黎黎，朱琳，何广顺．中国海洋经济绿色全要素生产率测度及影响因素［J］．中国科技论坛，2015（2）：72－78.

［15］杜栋，庞庆华．现代综合评价方法与案例精选［M］．北京：清华大学出版社，2005.

［16］杜晓丽，邵春福，等．基于 DPSIR 框架理论的环境管理能力分析［J］．交通环保，2005（3）：50－55.

［17］杜宇，刘俊昌．生态文明建设评价指标体系研究［J］．科学管理研究，2009（3）.

［18］段文斌，尹向飞．中国全要素生产率研究评述［J］．南开经济研究，2009（2）：130－140.

［19］鄂慧芳，杜金柱．基于超效率 DEA 模型的中国区域生态效率测度与差异分析［J］．财经理论研究，2015（4）：55－63.

［20］付丽娜，陈晓红，冷智花．基于超效率 DEA 模型的城市群生态效率研究——以长株潭"3＋5"城市群为例［J］．中国人口·资源与环境，2013，23（4）：169－175.

［21］高珊，黄贤金．基于绩效评价的区域生态文明指标体系构建——以江苏省为例［J］．经济地理，2010（5）.

［22］高铁梅．计量经济分析方法与建模［M］．北京：清华大学出版社，2009.

［23］龚关，胡关亮．中国制造业资源配置效率与全要素生产率［J］．经济研究，2013（4）：4－15＋29.

［24］关海玲，江红芳．城市生态文明发展水平的综合评价方法［J］．统计与决策，2014（15）.

［25］郭红连，黄懿瑜，马蔚纯，余琦，陈立民．战略环境评价（SEA）的指标体系研究［J］．复旦大学学报（自然科学版），2003（3）：468－475.

[26] 郭露, 徐诗倩. 基于超效率 DEA 的工业生态效率——以中部六省 2003—2013 年数据为例 [J]. 经济地理, 2016, 36 (6): 116 – 121 + 58.

[27] 何琼. 巢湖流域生态安全评价的综合评价 [D]. 合肥: 合肥工业大学, 2004.

[28] 何天祥, 廖杰, 魏晓. 城市生态文明综合评价指标体系的构建 [J]. 经济地理, 2011, 31 (11): 1897 – 1900.

[29] 洪银兴. 论中高速增长新常态及其支撑常态 [J]. 经济学动态, 2014 (11): 4 – 7.

[30] 胡小飞, 邹妍. 我国长江经济带研究的文献计量与可视化分析 [J]. 华东经济管理, 2017, 31 (6): 166 – 173.

[31] 胡姚雨. 基于生态足迹视角的中国全要素生态效率研究 [D]. 东南大学, 2016.

[32] 黄国华, 刘传江, 赵晓梦. 长江经济带碳排放现状及未来碳减排 [J]. 长江流域资源与环境, 2016 (4): 638 – 644.

[33] 黄和平, 伍世安, 智颖飙, 等. 基于生态效率的资源环境绩效动态评估——以江西省为例 [J]. 资源科学, 2010, 32 (5): 924 – 931.

[34] 黄庆华, 周志波, 刘晗. 长江经济带产业结构演变及政策取向 [J]. 经济理论与经济管理, 2014 (6).

[35] 黄雪琴, 王婷婷. 资源型城市生态效率评价 [J]. 科研管理, 2015 (7): 70 – 78.

[36] 黄志红. 长江中游城市群生态文明建设评价研究 [D]. 中国地质大学, 2016.

[37] 江勇, 付梅臣等. 基于 DPSIR 模型的生态安全动态评价研究: 以河北永清县为例 [J]. 资源与产业, 2011, 13 (1): 61 – 64.

[38] 焦源. 山东省农业生产效率评价研究 [J]. 中国人口·资源与环境, 2013, 23 (12): 105 – 110.

[39] 克利福德·科布, 王韬洋. 迈向生态文明的实践步骤 [J]. 马克思主义与现实, 2007 (6).

[40] 孔翔, 郑汝南. 低碳经济发展与区域生态文明建设关系初探 [J]. 经济问题探索, 2011 (2).

［41］匡远凤，彭代彦．中国环境生产效率与环境全要素生产率分析［J］．经济研究，2012（7）：62-74．

［42］李斌，彭星，欧阳铭珂．环境规制、绿色全要素生产率与中国工业发展方式转变——基于36个工业行业数据的实证研究［J］．中国工业经济，2013（4）：56-68．

［43］蕾切尔·卡逊（Rachel Carson）著，吕瑞兰、李长生译．寂静的春天［M］．长春：吉林人民出版社，1997．

［44］李兰冰，刘秉镰．中国区域经济增长绩效、源泉与演化：基于要素分解视角［J］．经济研究，2015（8）：58-72．

［45］李玲．中国工业绿色全要素生产率及影响因素研究［D］．暨南大学，2012．

［46］李玲，陶锋．污染密集型产业的绿色全要素生产率及影响因素——基于SBM方向性距离函数的实证分析［J］．经济学家，2011（12）：32-39．

［47］李玲，陶锋．中国制造业最优环境规制强度的选择——基于绿色全要素生产率的视角［J］．中国工业经济，2012（5）：70-82．

［48］李美娟，陈国宏．数据包络分析法（DEA）的研究与应用［J］．中国工程科学，2003，5（6）：88-94．

［49］李双杰，范超．随机前沿分析与数据包络分析方法的评析与比较［J］．统计与决策，2009（7）：25-28．

［50］李玉照，刘永等．基于DPSIR模型的流域生态安全评价指标体系研究［J］．北京大学学报，2012（6）：971-981．

［51］廖日文，章燕妮．生态文明的内涵及其现实意义［J］．中国人口．资源与环境，2011（S1）：377-380．

［52］林伯强，杜克锐．要素市场扭曲对能源效率的影响［J］．经济研究，2013（9）：125-136．

［53］刘秉镰，李清彬．中国城市全要素生产率的动态实证分析：1990—2006——基于DEA模型的Malmquist指数方法［J］．南开经济研究，2009（3）：139-152．

［54］刘丙泉，于晓燕，李永波．基于共同前沿模型的中国区域生态效率差异研究［J］．科技管理研究，2016，36（5）：211-214+253．

[55] 刘建国, 李国平, 张军涛. 经济效率与全要素生产率研究进展 [J]. 地理科学进展, 2011 (10): 1263 - 1275.

[56] 刘丽娟. 生态城市规划中生态文明建设初探 [J]. 环球人文地理, 2014 (12).

[57] 刘湘溶. 经济发展方式的生态化与我国的生态文明建设 [J]. 南京社会科学, 2009 (6).

[58] 刘振中. 促进长江经济带生态保护与建设 [J]. 宏观经济管理, 2016 (9): 30 - 33 + 38.

[59] 陆大道. 建设经济带是经济发展布局的最佳选择——长江经济带经济发展的巨大潜力 [J]. 地理科学, 2014 (7).

[60] 卢丽文, 宋德勇, 黄璨. 长江经济带城市绿色全要素生产率测度——以长江经济带的 108 个城市为例 [J]. 城市问题, 2017 (1): 61 - 67.

[61] 卢丽文, 宋德勇, 李小帆. 长江经济带城市发展绿色效率研究 [J]. 中国人口·资源与环境, 2016 (6): 35 - 42.

[62] 卢丽文, 张毅, 李小帆, 李永盛. 长江中游城市群发展质量评价研究 [J]. 长江流域资源与环境, 2014 (10): 1337 - 1343.

[63] 马世骏, 王如松. 社会 - 经济 - 自然复合生态系统 [J]. 生态学报, 1984 (1): 1 - 9.

[64] 马小朋. 中国经济增长的收敛性分析 [J]. 上海经济研究, 2005 (3): 14 - 18.

[65] 梅多斯等著, 于树生译. 增长的极限 [M]. 北京: 商务印书馆, 1984.

[66] 宓泽锋, 曾刚, 尚勇敏, 陈弘挺, 朱菲菲, 陈斐然. 长江经济带市域生态文明建设现状及发展潜力初探 [J]. 长江流域资源与环境, 2016 (9): 1438 - 1447.

[67] 潘兴侠. 我国区域生态效率评价、影响因素及收敛性研究 [D]. 南昌大学理学院, 2014.

[68] 齐建国. 中国经济 "新常态" 的语境解析 [J]. 西部论坛, 2015 (1).

[69] 秦伟山, 张义丰. 生态文明城市评价指标体系与水平测度 [J].

资源科学，2013，35（8）.

［70］秦尊文. 以生态文明理念打造"美丽中三角"［J］. 理论月刊，2013（6）：5-9.

［71］邱寿丰，诸大建. 我国生态效率指标设计及其应用［J］. 科学管理研究，2007，25（1）：20-24.

［72］任海军，姚银环. 资源依赖视角下环境规制对生态效率的影响分析——基于 SBM 超效率模型［J］. 软科学，2016，30（6）：35-38.

［73］任俊霖，李浩，伍新木，李雪松. 基于主成分分析法的长江经济带省会城市水生态文明评价［J］. 长江流域资源与环境，2016（10）：1537-1544.

［74］史丹，吴利学，傅晓霞，吴滨. 中国能源效率地区差异及其成因研究——基于随机前沿生产函数的方差分解［J］. 管理世界，2008（2）：35-43.

［75］宋长青，刘聪粉，王晓军. 中国绿色全要素生产率测算及分解：1985~2010［J］. 西北农林科技大学学报（社会科学版），2014（3）：120-127.

［76］苏为华. 多指标综合评价理论与方法研究［M］. 北京：中国物价出版社，2001.

［77］孙传旺，刘希颖，林静. 碳强度约束下中国全要素生产率测算与收敛性研究［J］. 金融研究，2010（6）：17-33.

［78］孙欣，赵鑫，宋马林. 长江经济带生态效率评价及收敛性分析［J］. 华南农业大学学报（社会科学版），2016（5）：1-10.

［79］陶军. 安徽省城市生态效率评价研究［D］. 安徽财经大学，2014.

［80］王兵，吴延瑞，颜鹏飞. 中国区域环境效率与环境全要素生产率增长［J］. 经济研究，2010（5）：95-109.

［81］王兵，颜鹏飞. 技术效率、技术进步与东亚经济增长——基于 APEC 视角的实证分析［J］. 经济研究，2007（5）：91-103.

［82］王兵，朱宁. 不良贷款约束下的中国银行业全要素生产率增长研究［J］. 经济研究，2011（5）：32-45+73.

[83] 王娣, 金涌, 朱兵. 生态文明与循环经济 [J]. 生态经济, 2009 (7).

[84] 王恩旭, 武春友. 基于超效率 DEA 模型的中国省际生态效率时空差异研究 [J]. 管理学报, 2011, 8 (3): 443-450.

[85] 汪锋, 解晋. 中国分省绿色全要素生产率增长率研究 [J]. 中国人口科学, 2015 (2): 53-62+127.

[86] 王光谦. 生态文明城市建设的途径和措施 [J]. 环境保护与循环经济, 2008, 28 (12).

[87] 王杰, 刘斌. 环境规制与企业全要素生产率——基于中国工业企业数据的经验分析 [J]. 中国工业经济, 2014 (3): 44-56.

[88] 汪克亮, 孟祥瑞, 程云鹤. 环境压力视角下区域生态效率测度及收敛性——以长江经济带为例 [J]. 系统工程, 2016, 34 (4): 109-116.

[89] 汪克亮, 孟祥瑞, 杨宝臣, 等. 基于环境压力的长江经济带工业生态效率研究 [J]. 资源科学, 2015, 37 (7): 1491-1501.

[90] 汪克亮, 孟祥瑞, 程云鹤. 技术的异质性、节能减排与地区生态效率——基于 2004~2012 年中国省际面板数据的实证分析 [J]. 山西财经大学学报, 2015, 37 (2): 69-80.

[91] 汪克亮, 杨力, 程云鹤. 要素利用、节能减排与地区绿色全要素生产率增长 [J]. 经济管理, 2012 (11): 30-43.

[92] 王美霞, 樊秀峰, 宋爽. 中国省会城市生产性服务业全要素生产率增长及收敛性分析 [J]. 当代经济科学, 2013 (4): 102-111+127-128.

[93] 王敏, 张晓平. 基于 PCA-DEA 模型的中国省际生态效率研究 [J]. 中国科学院大学学报, 2015, 32 (4): 520-527.

[94] 王树华. 长江经济带跨省域生态补偿机制的构建 [J]. 改革, 2014 (6): 32-34.

[95] 王旭熙, 彭立, 苏春江, 等. 城镇化视角下长江经济带城市生态环境健康评价 [J]. 湖南大学学报: 自然科学版, 2015 (12): 132-140.

[96] 王雪. 基于 AHP-熵权法和模糊数学的城市生态系统健康评价研究 [D]. 华东师范大学.

[97] 王志平. 生产效率的区域特征与生产率增长的分解——基于主

成分分析与随机前沿超越对数生产函数的方法［J］. 数量经济技术经济研究，2010（1）：33－43＋94.

［98］王竹君. 经济增长的收敛性分析——基于中国省际数据的实证分析［J］. 区域金融研究，2012（10）：84－88.

［99］吴传清，董旭. 环境约束下长江经济带全要素能源效率的时空分异研究——基于超效率 DEA 模型和 ML 指数法［J］. 长江流域资源与环境，2015（10）：1646－1653.

［100］吴传清，董旭. 长江经济带全要素生产率的区域差异分析［J］. 学习与实践，2014（4）：13－20.

［101］吴传清，董旭. 环境约束下长江经济带全要素能源效率研究［J］. 中国软科学，2016（3）：73－83.

［102］吴瑾菁，祝黄河. "五位一体"视域下的生态文明建设［J］. 马克思主义与现实，2013（1）：157－162.

［103］吴振华，唐芹，王亚蓓. 江浙沪地区城市建设用地生态效率评价——基于三阶段 DEA 与 Bootstrap-DEA 方法［J］. 生态经济，2016，32（4）：105－110.

［104］小约翰·柯布，李义天. 文明与生态文明［J］. 马克思主义与现实，2007（6）.

［105］徐晶晶. 沿海地区绿色全要素生产率测度、收敛及影响因素研究［D］. 浙江理工大学，2015.

［106］杨桂山，徐昔保，李平星. 长江经济带绿色生态廊道建设研究［J］. 地理科学进展，2015（11）：1356－1367.

［107］杨桂元. 数学建模［M］. 上海：上海财经大学出版社，2015.

［108］杨佳伟，王美强. 基于非期望中间产出网络 DEA 的中国省际生态效率评价研究［J］. 软科学，2017，31（2）：92－97.

［109］杨汝岱. 中国制造业企业全要素生产率研究［J］. 经济研究，2015（2）：61－74.

［110］杨汝梁，王菁，孙元欣. 长三角地区服务业全要素生产率的测算（2003 年－2011 年）——基于 Malmquist 指数法［J］. 现代管理科学，2014（2）：9－11.

[111] 杨文举，龙睿赟.中国地区工业绿色全要素生产率增长：——基于方向性距离函数的经验分析 [J].上海经济研究，2012 (7)：3 - 13 + 21.

[112] 杨雨石.中国省际生态全要素能源效率研究——基于三阶段 SBM 模型 [J].韶关学院学报，2016 (1)：94 - 102.

[113] 尹科，王如松，周传斌，等.国内外生态效率核算方法及其应用研究述评 [J].生态学报，2012，32 (11)：3595 - 3605.

[114] 余淑均，李雪松，彭哲远.环境规制模式与长江经济带绿色创新效率研究——基于 38 个城市的实证分析 [J].江海学刊，2017 (3)：209 - 214.

[115] 袁一仁，罗菁菁，李悦.长江经济带生态文明发展水平测度及空间演化特征分析 [J].统计与决策，2016 (20)：98 - 101.

[116] 查建平，王挺之.环境约束条件下景区旅游效率与旅游生产率评估 [J].中国人口·资源与环境，2015 (5)：92 - 99.

[117] 张高丽.节约资源、保护环境、努力建设美丽中国 [J].资源节约与环保，2014 (12)：2.

[118] 张会恒，魏彦杰 著.安徽生态文明建设发展报告 [M].安徽：合肥工业大学出版社，2015.

[119] 张建升.环境约束下长江流域主要城市全要素生产率研究 [J].华东经济管理，2014 (12)：59 - 63.

[120] 张景奇，孙萍，徐建.我国城市生态文明建设研究述评 [J].经济地理，2014，34 (8).

[121] 张军，章元.对中国资本存量 K 的再估计 [J].经济研究，2003 (7)：35 - 43 + 90.

[122] 张少华，蒋伟杰.中国全要素生产率的再测度与分解 [J].统计研究，2014 (3)：54 - 60.

[123] 张煊，王国顺，王一苇.生态经济效率评价及时空差异研究 [J].经济地理，2014，34 (12)：153 - 160.

[124] 张宇.FDI 与中国全要素生产率的变动——基于 DEA 与协整分析的实证检验 [J].世界经济研究，2007 (5)：14 - 19 + 81 + 86.

[125] 张月玲，叶阿忠，陈泓.人力资本结构、适宜技术选择与全要

素生产率变动分解——基于区域异质性随机前沿生产函数的经验分析 [J]. 财经研究, 2015 (6): 4 - 18.

[126] 赵金芳, 徐超. 基于 SST 视角下的科技创新低碳化与生态文明建设 [J]. 江西农业大学学报 (社会科学版), 2013, 12 (3).

[127] 赵爽, 刘红. 基于三阶段 DEA 模型的我国工业企业生态效率研究 [J]. 生态经济, 2016, 32 (11): 88 - 91 + 102.

[128] 赵志耘, 杨朝峰. 中国全要素生产率的测算与解释: 1979—2009 年 [J]. 财经问题研究, 2011 (9): 3 - 12.

[129] 张子龙, 王开泳, 陈兴鹏. 中国生态效率演变与环境规制的关系——基于 SBM 模型和省际面板数据估计 [J]. 经济经纬, 2015 (3): 126 - 131.

[130] 邹辉, 段学军. 长江经济带研究文献分析 [J]. 长江流域资源与环境, 2015, 24 (10): 1672 - 1682.

[131] 左伟, 周慧珍等. 区域生态安全评价指标体系选取的概念框架研究 [J]. 土壤, 2003 (1): 2 - 7.

二、英文部分

[1] Aigner, D. J. , C. A. K. lovell, P. Schmidt. Formulation and Estimation of Stochastic Frontier Production Function Models [J]. Journal of Econometrics, 1977 (7).

[2] Angel Borja. The European Water Framework Directive and the DPSIR, a methodological approach to assess the risk of failing to achieve good ecological status [J]. Estuarine, Coastal and Shelf Science, 2006 (66): 84 - 96.

[3] Aroca, P. , M. Bosch, and W. F. Maloney. Spatial Dimensions of Trade Liberalization and Economic Convergence: Mexico 1985 - 2002. World Bank Economic Review, 2005, 19 (3), 345 - 378.

[4] Barro, R. J. and Sala-i-Martin, X. Convergence [J]. Journal of Political Economy, 1992 (100): 223 - 251.

[5] Battese, G. E. , O'Donnell, C. J. , Rao, D. S. P. A Meta-frontier Frameworks Production Function for Estimation of Technical Efficiency and Technology Gap for Firms Operating under Different Technology [J]. Journal of Pro-

ductivity Analysis, 2004, 21 (1): 91 – 103.

[6] Battese,G. E. , Rao,D. S. P. Technology Gap, Efficiency and a Stochastic Meta-frontier Function [J]. International Journal of Business and Economics, 2002, 1 (2): 87 – 93.

[7] Charnes,A. , Cooper,W. W. , Rhodes E. Measuring the efficiency of decision making units [J]. European Journal of Operational Research, 1978 (2).

[8] Chen,S. The evaluation indicator of ecological development transition in China's regional economy [J]. Ecological Indicators, 2015, 51: 42 – 52.

[9] Costanza,R. , Cumberland,J. H. , Daly,H. , et al. An introduction to ecological economics [M]. CRC Press, 2014.

[10] Dyckhoff,H. , Allen, K. , Measuring ecological efficiency with data envelopment analysis (DEA) [J]. European Journal of Operational Research 2001 (132).

[11] Ecological communities: conceptual issues and the evidence [M]. Princeton University Press, 2014.

[12] Färe, R. , Pasurka, C. Multilateral Productivity Comparisons When Some Outputs Are Undesirable: A Nonparametric Approach [J]. Review of Economics & Statistics, 1989, 71 (1): 90 – 98.

[13] Hayami,Y. , Ruttan,V. W. Agricultural productivity differences among countries [J]. The American Economics Review, 1970, 60 (5): 895 – 911.

[14] Höh,H. , Schoer,K. , Seibel,S. Eco-efficiency indicators in German Environmental Economic Accounting [J]. Statistical Journal of the United Nations Economic Commission for Europe, 2002, 19: 41 – 52.

[15] Ke,Y. , Hu,L. , Li,Y. and Chiu,H. Shadow Prices of SO_2 Abatements for Regions in China [J]. Agricultural and Resources Economics, 2008, 5 (2): 59 – 78.

[16] Marzio Galeotti, AlessandroLanza. Desperately seeking Environmental Kuznets [J]. Environmental Modeling & software, 2005 (20).

[17] OECD. Eco-efficiency [R]. Paris: Organization for Economic Cooperation and Development, 1998.

[18] Organization of Economic Cooperation and Development. OECD Core set of Indicators for Environmental Performance Review [M]. Environmental Monograph No. 83, OECD, Paris. 1993.

[19] Pacheco, Carrasco, etc. A Coastal management program for channels located in back barrier systems [J]. Ocean & Coastal Management, 2006 (9): 119 – 123.

[20] Quah, D. T. Empirics for Growth and Distribution; Stratification, Polarization, and Convergence Clubs [J]. Journal of Economics Growth, 1997, 2 (1): 27 – 59.

[21] R., Grosskopf, S., Hernandez-San cho, F., Enviromental Performance: An index number approach [J]. Resource and Energy Economics 2004 (26).

[22] Rao, D. S. P., O'Donnell, C. J., Battese, G. E. Meta-frontier functions for the study of inter-regional productivity differences [D]. Queensland: School of Economics, Queensland University, 2003.

[23] Robert, M. Solow. Technical Change and the Aggregate Production Function [J], R. EC. Stat, 1957.

[24] Schaltegger, S., Sturm, A. Ökologische Rationalität: Ansatzpunkte zur Ausgestaltung von ökologieorientierten Managementinstrumenten [J]. Die Unternehmung, 1990, 44 (4): 273 – 290.

[25] Schmidheiny, S., Zorraquín, F. J. Financing Change: the Financial Community, Eco-efficiency and Sustainable Development [J]. Kentucky Banker Magazine, 1997, 7 (451): 1972.

[26] Tone, K. A slacks-based measure of efficiency in data envelopment analysis [J]. European journal of operational research, 2001, 130 (3): 498 – 509.

[27] Tone, K. A strange case of the cost and allocative efficiencies in DEA [J]. Journal of the Operational Research Society, 2002: 1225 – 1231.

[28] WBCSD. Eco-efficient Leadership for Improved Economic and Environmental Performance [M]. Geneva: WBCSD, 1996: 3 – 16.

［29］Xavier Sala-I-Martin. The Classical Approach to Convergence Analysis ［J］. Economic Journal, 1996, 106 (437): 1019 – 1036.

［30］Ye, Q. G. Ways of training individual ecological civilization under mature socialist conditions ［J］. Scientific Communism, 1984 (2).

［31］Zhang, X. P. , Li, Y. F. , Wu, W. J. Evaluation of urban resource and environmental efficiency in China based on the DEA mode ［J］. Journal of Resources and Ecology, 2014, 5 (1): 11 – 19.

图书在版编目（CIP）数据

长江经济带生态文明建设综合评价研究／孙欣，

宋马林著．—北京：经济科学出版社，2019.6

ISBN 978 - 7 - 5218 - 0497 - 3

Ⅰ.①长…　Ⅱ.①孙…②宋…　Ⅲ.①长江经济带 -

生态环境建设 - 研究　Ⅳ.①X321.25

中国版本图书馆 CIP 数据核字（2019）第 078802 号

责任编辑：范　莹　杨　梅
责任校对：王肖楠
责任印制：李　鹏

长江经济带生态文明建设综合评价研究

孙　欣　宋马林　著

经济科学出版社出版、发行　新华书店经销

社址：北京市海淀区阜成路甲 28 号　邮编：100142

总编部电话：010 - 88191217　发行部电话：010 - 88191540

网址：www.esp.com.cn

电子邮箱：esp@esp.com.cn

天猫网店：经济科学出版社旗舰店

网址：http://jjkxcbs.tmall.com

北京季蜂印刷有限公司印装

710×1000　16 开　11.75 印张　180000 字

2019 年 6 月第 1 版　2019 年 6 月第 1 次印刷

ISBN 978 - 7 - 5218 - 0497 - 3　定价：42.00 元

（图书出现印装问题，本社负责调换。电话：010 - 88191510）

（版权所有　侵权必究　打击盗版　举报热线：010 - 88191661

QQ：2242791300　营销中心电话：010 - 88191537

电子邮箱：dbts@esp.com.cn）